ABC DES PFERDEKAUFS

Lore Knoll

ABC DES PFERDEKAUFS

Wie finde ich das passende Pferd?

Franckh-Kosmos

Mit 13 Farbfotos von Hugo M. Czerny (Tafel 1, 2, 3), Edgar Schöpal (Tafel 4, 6, 8), Kristina Knoll (Tafel 1 und 7), Sigrun Geveke (Tafel 5 und 8), Hildegard Tollkötter-Büttner (Tafel 6).
Die 42 Schwarzweiß-Zeichnungen fertigte Jeanne Kloepfer, Heidelberg.
Das Muster des Pferdeeinstellungsvertrags stammt vom Hippos-Verlag.

Umschlaggestaltung von Jürgen Reichert, Stuttgart, unter Verwendung von Fotos von Edgar Schöpal und Sigrun Geveke.

Herstellung: Siegfried Fischer, Stuttgart

Die Deutsche Bibliothek –
CIP-Einheitsaufnahme

Knoll, Lore:
ABC des Pferdekaufs : wie finde ich das passende Pferd? / Lore Knoll. [Die Schwarzweiss-Zeichn. fertigte Jeanne Kloepfer]. –
Stuttgart : Franckh-Kosmos, 1992
ISBN 3-440-06571-5

ISBN 3-440-06571-5
Printed in Germany / Imprimé en Allemagne
Satz: Typomedia Satztechnik GmbH, Ostfildern
Druck und buchbinderische Verarbeitung: Huber KG, Dießen

das im Kaufpreis und auch im Unterhalt erschwinglich ist, das große Distanzen über Stock und Stein in des Wortes wahrstem Sinne überwinden kann, der ist mit dem Haflinger bestens bedient. Das Pferd mit der Urheimat Tirol erreicht heute eine mittlere Größe von 138 bis 142 Zentimetern. Bei etwa 4000 Mark fangen die Preise an, die je nach Abstammung, Leistungsstand und Angebotsort klettern können wie ein guter Haflinger selber. Der vertrauenerweckende Blonde eignet sich vor allem auch für Kinder und Jugendliche. Für »Spätberufene« übrigens auch, denn Durchgänger sind äußerst selten. Außerdem ist der Trab des Naturkindes mit dem Edelweißbrand auf der linken Hinterbacke meist auszusitzen wie Butter. Ein Fehler, der bei der vermeintlich marktgerechten Umzüchtung des von Haus aus stämmigen Wirtschaftspferdes zum eleganten Reitpferd vor einem Vierteljahrhundert begangen wurde, nämlich die Arabisierung mit Gewalt, ist revidiert. Nur wohldosiert gelangt heute Araberblut in die Haflingerzucht, modernes Zuchtziel ist wieder das klassische Modell des Ur-Haflingers mit dem schönen Kopf und der meist guten Sattellage. Freilich schaut heute nur noch den wenigsten Haflingern der Wilde Kaiser in die Abfohlbox. Die Zucht der sehr anpassungsfähigen, goldfarbenen Blondschöpfe ist inzwischen weit über Österreichs Grenzen hinaus verbreitet.

Noch ein Naturkind: Der Norweger (Fjordpferd) zeichnet sich aus durch Härte, Gutmütigkeit, Lernfähigkeit und vor allem durch Trittsicherheit. Auf das 135 bis 145 Zentimeter Stockmaß erreichende, sehr leicht lenkbare und gut auszusitzende Fjordpony ist Verlaß in allen (pferdesportlichen) Lebenslagen. Es eignet sich als Fahrpferd und erst recht als Reitpferd für Erwachsene wie für Kinder und Jugendliche. Lange Marathondistanzen im Galopp sind allerdings nicht seine Stärke.

Wie der Haflinger ist auch das Fjordpferd, ursprünglich aus Südnorwegen stammend, ein typisches Gebirgspferd: kurzbeinig, stämmig, noch dazu ein wahrer Lastenschlepper über Berg und Tal.

Bodenständige Wildpferde waren die Ur-Väter der Fjordpferde. Mit der Einkreuzung dänischer Frederiksborger, einer mittelschweren Warmblutrasse mit spanischem und neapolitanischem Blutanteil, kam zu Beginn des 19. Jahrhunderts eine straffe Linie in die Norwegerzucht.

Auffallend am Fjordpferd ist der Aalstrich auf dem Rücken, der seine optische Fortsetzung im schicken Stehmähnenschnitt erfährt (die sehr gepflegte Stehmähne ist ein must für jedes Fjordpferd). Die Fellfarbe des Norwegers erweist sich als überaus putzfreundlich; sie umfaßt alle Varianten der Falbenfarbe bis hin zum feinen Perlgrau.

Bei etwa 5000 Mark fangen die Preise für ein junges, noch »rohes« Fjordpferd an. Doch es ist nicht ausgeschlossen, daß auch unterhalb dieser Marke der eine oder andere Zuschlag erfolgen kann. Nach oben hin ist der Preisentwicklung ebenfalls keine Grenze gesetzt.

Norwegerzuchten gibt es heute nicht nur in den skandinavischen Ländern, in Deutschland, den Niederlanden, Großbritannien und weiteren europäischen Ländern. Auch in den USA, in Kanada und neuerdings auch in Israel sind Zuchten im Aufbau begriffen.

Selbst beim größten Tempo schwappt ein volles Glas Wasser in der Reiterhand nicht über – vom Tölt der Islandpferde schwärmt jeder, der ihn ausprobierte. Die attraktiven Wikinger-Ponys, heute im Mittel 135 bis 140 Zentimeter Stockmaß groß, mit den guten, klugen Gesichtern, den üppigen, stets naturbelassenen Mähnen und Schweifen und dem dichten Fell, sind von Mutter Natur mit den Talenten zu fünf Gangarten ausstaffiert. Drei Grundgangarten, dazu der »große Bruder« des Trabs, der Tölt, der im flinken Viertakt abläuft, sowie der Rennpaß, haben das kleine Vielseitigkeitswunder zu einem der beliebtesten Freizeitpferde gemacht. Doch auch turnierreife Leistungen sind durchaus erreichbar; jedes Jahr gibt es Isländer-Meisterschaften.

Über eintausend Jahre bis zur Gegenwart ist die Reinzucht des Islandpferdes lückenlos nachweisbar; Ur-Väter waren Kelten- wie Germanenponys vom Festland, mitgebracht von den Eroberern der wilden Insel, dem »Eis-Land«.

Von Natur aus dazu bestimmt und später auch mit der Maßgabe gezüchtet, große Entfernungen zu überwinden und dabei schwere Lasten zu schleppen, gilt das Islandpferd als das ideale Distanzpferd, auch für schwergewichtige Reiter. Sein Ruf als Allzweckpferd, zu welchem ihm nicht zuletzt auch sein ausgeglichener, hochanständiger Charakter verholfen hat, erhält einen zusätzlichen Pluspunkt: Der Isländer eignet sich hervorragend für Späteinsteiger in den Reitsport. Nicht zuletzt weil der Tölt fast mühelos auszusitzen ist und darüber hinaus ein herrliches »Vorwärtskommen« über lange und längste Strecken ermöglicht.

Ein guter Isländer, der alle fünf Gangarten beherrscht, ist nicht billig. 10 000 Mark muß der Käufer mindestens seinem Bankkonto entlocken, um à la Leif Eriksson im Tölt den Schwarzwald oder andere schöne Ländereien zu erobern. Wer 15 000 bis 20 000 Mark übrig hat, ist noch besser bedient. Preise mit steigender Tendenz, denn die Nachfrage töltet dem Angebot weit voraus – zur Zeit gibt es in Deutschland mindestens 2000 Islandpferde zu wenig, um alle Fans glücklich zu machen.

Ebenfalls als »Gangpferde«, die den Tölt beziehungsweise den ähnlich ablaufenden Walk beherrschen und somit alternative Reitweisen gestatten, sind peruanische Pasos (edel, 145 bis 155 Zentimeter groß), amerikanische Saddlebred-Horses (nobles Erscheinungsbild, 150 bis 160 Zentimeter groß) oder Tennessee Walking Horses (robustes Aussehen, Pferde im mittelschweren Cob-Typ, 150 bis 160 Zentimeter groß), seit wenigen Jahren auf dem deutschen Markt. Zumeist sind es Pferde aus Übersee, die sich die Importeure und der Handel teuer bezahlen lassen. Unter 20000 bis 25000 Mark wechselt keines der extravaganten Rösser die Futterkrippe. Eher noch sind Preise, die darüber liegen, die Regel.

Als »Amerikaner in Deutschland« erfreut sich das Quarter Horse steigender Beliebtheit bei Freizeitreitern. Reiter mit Western-Ambitionen suchen und finden im original Quarter Horse, das seit gut einem Dutzend Jahren auch in Deutschland zu kaufen ist, den treuen vierbeinigen Freund. Das gelehrige Hirtenpferd der Cowboys ist nicht nur hübsch anzusehen, es ist sehr klug, sehr anpassungsfähig, verblüffend leicht lenkbar, elastisch selbst in den engsten Wendungen, und es rauscht ab wie die Feuerwehr, sobald sein Reiter die Zügel freigibt. Kein noch so steiniger oder schlammiger Pfad kann es irritieren.

Das Quarter Horse, darauf geeicht, mit wilden Bullen, tollkühnen Reitern und mit den spektakulärsten Situationen fertig zu werden, ist äußerst reaktionsschnell. Es ist keine Übertreibung – ein gutes Quarter Horse denkt mit. Gelenkt wird es stilgerecht mit dem Bosal, einer – mundstückfreien – Spezialzäumung altspanischen Ursprungs, die mit ungeheurem Druck auf die besonders empfindliche Nasenpartie wirksam wird und die deshalb eine besonders feine Reiterhand voraussetzt. Im äußerst bequemen Cowboysattel, ohne den das teuerste Quarter Horse wie ein ungeschliffener Edelstein wirken würde, könnte der Mensch auf dem Pferderücken schlafen, wenn er dies wollte. Vor allem im weichen, schwingenden Trab, den die Amerikaner sehr treffend pleasure trot nennen. Auch das Quarter Horse ist nicht billig. Unter 8000 bis 12000 Mark ist kein gutes, unverbrauchtes Quarter Horse zu haben. Es ist dann um so leichtfutteriger, und es stellt auch keine luxuriösen Ansprüche im Stall. Die sehr genügsame, charakterfeste Kreuzung zwischen echten Mustangs und Vollblütern wird bis zu 155 Zentimeter Stockmaß groß und braucht enorm viel Bewegung. Häufigste Farbschläge sind Braune, Falben und Füchse, auch Schecken (Pintos und Appaloosa) gehören zur Gattung der Quarter Horses. So genannt übrigens nach den einst bei den Siedlern im gar nicht Wilden Westen sehr beliebten Kurzstreckenrennen über 400 Meter (a quarter of a mile), die den Glanzpunkt eines jeden Volksfestes darstellten. 400 Meter – das kennzeichnet eine weitere Stärke der hübschen Kerle aus den USA und aus Kanada: Quarter Horses sind Blitzstarter, sie beschleunigen fast so schnell wie ein Sportflitzer auf der Autobahn. Der Stop geht ebenso rasch vonstatten. Wehe dem Ungeübten, der einen Rucker zuviel am Bosal macht – die folgende Vollbremsung des Quarter Horses hat schon manchen fröhlichen Schwärmer auf den Boden der Tatsachen zurückgeholt.

Zuchtziel – Typen – Fehlergucker

Das aktuelle Zuchtziel des Deutschen Reitpferdes bringt alle er-

Die Fehlergucker:
»So insgesamt sieht der Gaul ja ganz gut aus... bis auf die kleine unregelmäßige Färbung am Vorderhuf...«

wünschten Pferdeeigenschaften unter eine Satteldecke. Erwünscht ist das marktkonforme Pferd, das seinen Abnehmer zu finden und seinen Preis zu erzielen hat. Erstrebenswert ist das nervenstarke Pferd edlen Typs, von großzügigem Rahmen, mit ausgeglichenen Proportionen. Es soll ein Pferd auf korrektem Fundament sein, mit exakt gewachsenen, optimal gewinkelten Extremitäten, damit es die erwünschten schwungvollen Grundgangarten allzeit daraus entwickeln kann. Ferner sollte es im Rücken schwingen, mit einem schöngeformten, gut angesetzten Hals als Gleichgewichtsregulans und Zeichen der Erhabenheit gleichermaßen. Es muß ausdrucksstark sein, von ausgeglichenem Temperament, natürlich nicht doof, und von einwandfreiem Charakter, damit es später (fast) alles mit sich machen läßt, was der Pferdemensch verlangt.

Ein Sammelsurium bester Eigenschaften, die durch die Hochleistungszucht zum größten Teil auch erfüllt werden. Imponieren, überzeugen muß das Pferd in der Gesamtheit seines Erscheinungsbildes. Deshalb wirken meistens auch die zu Recht karikierten »Fehlergucker« der Gattung Mensch zumindest erheiternd, wenn sie, geradezu lustvoll, das Pferd nach mehr oder minder ausgeprägten Abweichungen von der Norm abchecken. Allzeit bereit, aus dem Floh einen Elefanten zu machen.

Der künftige Pferdebesitzer, auf der Suche nach dem Pferd seiner Träume, wird sich von unterschiedlichen Vorstellungen und Wünschen leiten lassen. Der eine sucht das Allround-Talent, geeignet für alle Formen des pferdesportlichen Einsatzes. Der andere legt konkrete Maßstäbe an, weil er selber Schwerpunkte setzt oder gar Turnierambitionen hat.

Deshalb im folgenden ein paar Grundeigenschaften, die für das Dressur-, das Spring- und das Vielseitigkeitspferd erwünscht sind.

Beim *Dressurpferd* steht das elegante Flair im Vordergrund. Gefragt ist deshalb ein Pferd mit hohem, doch ausgewogenem Blutanteil, mit edlem Kopf, gutem Halsansatz, langer, schräger Schulter, guter Sattellage und stabiler Hinterhand, die gehörigen Schub zu entwickeln vermag. Taktreine, raumgreifende Gänge sind ein Muß, um später die Richter zu becircen.

Vom Dressurpferd wird darüber hinaus ein hohes Maß an Lerneifer und Disziplin verlangt. Wer bei den schweren Lektionen und den lupenreinen Übergängen nicht mitspielt, hat im Viereck nichts verloren.

Freilich sollte auch der Pferdemensch bei allem Eifer das Pferd auch Pferd sein lassen. Es gibt Dressurstars, die gehen vor jedem Spatz in der Halle in die Luft. Weil ihnen der fröhliche, gestreckte Geländegalopp, das Aufnehmen optischer wie akustischer Reize in Wald und Flur nur selten oder meist überhaupt nicht vergönnt sind.

Beim Freispringen in der Halle zeigen sie, wo's langgeht: *Spring-*

Taktreine, raumgreifende
änge sind ein Muß, um spä-
die Richter zu becircen...

pferde, Parcoursanwärter, Überflieger, Senkrechtstarter. Sofern sie in die richtigen Hände kommen ...

Während noch vor wenigen Jahren das ausgesprochen großrahmige Pferd der Idealvorstellung entsprach, führt der Trend jetzt wieder zum mittelgroßen, »handlichen« Sportkameraden, dessen maximales Stockmaß zwischen 168 und 170 Zentimetern pendelt. »Spring-Elefanten« sind dagegen out, ihre erhöhte Anfälligkeit für Beinschäden hat sich erwiesen.

Auch mit der Wendigkeit hat das allzu groß gewachsene Pferd Probleme. Doch gerade die Elastizität in den Wendungen wird vom modernen Parcoursbauer besonders gerne getestet. Das gute Springpferd hat reaktionsschnell zu sein, muß gut und sicher taxieren können, sollte sich möglichst leicht »lenken« lassen. Doch es darf andererseits nicht eingeschnappt sein, wenn es gelegentlich in der Hitze des Gefechts eine grobe Hilfe seines Reiters zu verdauen hat. Kommt es hart auf hart, sollte sich das gute Springpferd mitten in der dreifachen Kombination auch einmal selbständig zu helfen wissen.

Weniger das Exterieur ist ausschlaggebend als vielmehr Charakter und Temperament. Das Springpferd braucht also kein Adonis zu sein, der über die Balken und Blumentöpfe schwebt. Die Grundforderungen des guten Körperbaus müssen jedoch erfüllt sein: die schräge, optimal gewinkelte Schulter, der ausgeprägte Widerrist und der federnde, nicht allzu lange Rücken, der muskulöse Hals als Balancierstange. Große Bedeutung kommt den kräftig ausgebildeten Sprunggelenken und der langen, schrägen, gut bemuskelten Kruppe zu. Der Trab ist von sekundärer Bedeutung, vielmehr muß das Springpferd geschmeidig und ausdauernd galoppieren können. Hinzu kommt die »adrette« Art, die Beine im Sprung gut anzuwinkeln und nicht etwa schlampig über die Balken zu schlurfen.

Bascule heißt das Zauberwort für hervorragendes Springvermögen, das sich nur bedingt antrainieren läßt. Zumindest die Grundveranlagung muß beim Pferd vorhanden sein.

Sein guter, ausgeglichener, Zuverlässigkeit garantierender Charakter wird gerade dem Springpferd oft zum Verhängnis. Doch nur vordergründig duldet es jene Gewaltmaßnahmen, mit denen es der erfolgserpichte Mensch (im stillen Kämmerlein!) zum Höhenflug prügelt. In Wahrheit wehrt sich das mißbrauchte Pferd. Entweder mit erhöhter Krankheitsanfälligkeit und mit Verhaltensstörungen.

Oder es wird zum abgestumpften »Spring-Idioten«.

Den wahren Kumpel von Pferd, mit dem er quasi aus derselben Krippe »futtern«, auf Fellfühlung übernachten, die Sterne vom Himmel holen kann, braucht der Vielseitigkeitsreiter. Ein Pferd, das mitdenkt, wenn es draußen im Busch über die waghalsigsten Hindernisse geht, dabei weder Wasser und Schlamm noch steilabfallende Sandhalden fürchtend. Eine Beziehung auf Gegenseitigkeit, oft freilich im Kreuzfeuer der Meinungen. Meist zu unrecht attackiert. Dann nämlich, wenn die vom *Vielseitigkeitspferd* geforderten Leistungen im Rahmen des Vollbringbaren, quasi »auf dem Teppich« bleiben. Dieser Rahmen ist weit gesteckt, sofern das Vielseitigkeitspferd geduldig – über Jahre! – aufgebaut und sorgfältig trainiert wurde.

Wie schon der Name sagt, ist das meist mit hohem Blutanteil versehene Vielseitigkeitspferd nicht nur ein wahrer Ausbund an Talent. Es zeichnet sich weiter aus durch Härte und Gesundheit, Mut und Intelligenz. Ohne Vollblut geht es nicht – die ausschließlich auf Nerv, Schnelligkeit und Durchstehvermögen selektierte (Kunst-)Pferderasse verleiht dem Vielseitigkeitspferd den erforderlichen Pep. Halbblüter werden bevorzugt, doch auch großgewachsene kernige Vollblüter bewähren sich zunehmend im großen Vielseitigkeitssport.

Das Vielseitigkeitspferd muß Schwung und Raumgriff in allen drei Gangarten zeigen, ein homogenes Bild im Dressurviereck, im Parcours, auf der Rennstrecke und beim Querfeldeinritt über Stock und Stein abgeben.

Jedoch: »Das« Vielseitigkeitspferd, der Prototyp schlechthin, findet sich selten auf Anhieb. Vielmehr

»Wenn du das Feuer in Gang hast, kannst du den Kaffee aufsetzen...«

wächst die Partnerschaft zwischen Mensch und Tier Zug um Zug, indem sich die guten, überdurchschnittlichen Fähigkeiten des Pferdes allmählich herauskristallisieren.

Was lange braucht, um sich zu finden, hält um so besser. Bei Vielseitigkeitspferden dominieren zweistellige Altersangaben.

Tolpatsch in der Bahn – ab ins Gelände?

Zum Geländereiten braucht das Pferd einen Kopf, den Leib, vier Beine und einen Schweif. Das ist alles. Von wegen! Deshalb sollte sich der »Pferdesucher« – selbst wenn er sich für einen überzeugten »Spazierreiter« hält und auch in der Abteilung nie glänzen will – von dieser in Reiterkreisen verbreiteten, jedoch falschen Klischeevorstellung bei der Pferdewahl nicht bluffen lassen. Irgendwann wird ihn sowieso mal der Wunsch befallen, an einer Reitjagd teilzunehmen. Und dann ist es passiert – er kommt nie mehr los vom herrlichen Herbstvergnügen bei Sonne, Wind und Wetter, über Stämme und Gräben ...

Zuverlässigkeit, Gelassenheit, Rittigkeit, Gleichgewicht, ein ausgeglichenes Temperament, Intelligenz und die ständige Bereitschaft zum »Mitdenken«, wenn es im Busch über die Naturhindernisse geht, zeichnen das ideale *Jagd- und Geländepferd* aus. Es muß elastisch springen und sich gut abfangen können, muß über ein hohes Maß an Trittsicherheit verfügen, muß mit allen unvorhergesehenen Ereignissen fertigwerden, darf sich nicht vor Wasser fürchten. Vor allem muß das Geländepferd sich »halten« lassen, selbst wenn der eigene Übermut und der Ehrgeiz, unterwegs den einen oder anderen Artgenossen abzuhängen, noch so groß sein sollten.

Gesunde Sehnen und Gelenke sind erforderlich, dazu ein tiefer Brustraum, ähnlich dem des Vollblüters, damit das Geländepferd auch längere Strecken im schnellen Tempo bewältigen kann, weil Herz und vor allem die Lunge genügend »Raum« zum Arbeiten haben.

Schönheit ist zwar erwünscht, doch sollte sie nicht ausschlaggebend sein, wenn es um den Erwerb der vierbeinigen »Lebensversicherung« geht. Als Jagd- und Geländepferd ist das Beste gerade gut genug. Das Pferd muß gut ausgebildet sein, denn es trägt besonders viel Verantwortung. Bloße Mitläufer oder ins Gelände »strafversetzte« Leistungsverweigerer der Reitbahn beschäftigen nicht nur den Tierarzt – auch den Humanmediziner.

Für den Durchschnittsreiter ist die Wahl eines älteren, erfahrenen »Buschpferdes« goldrichtig. Knausern beim Anschaffungspreis lohnt sich nicht.

Gespannpferde sind Sonderklasse

Ganz besondere Eigenschaften und Talente werden vom *Fahrpferd* verlangt. Ein Trugschluß ist es daher, Pferde, die für den Reitsport aus irgendwelchen Gründen ungeeignet sind, auf Fahrpferd »umzuschulen«.

Der Gehorsam, die Zuverlässigkeit, die Feinfühligkeit der Pferde im Gespann sind schon von der Natur der Sache her zwingend erforderlich. Der Fahrer auf dem Bock hat wesentlich geringeren Einfluß auf das Pferd als der Reiter im Sattel, ihm bleiben nur die Zügelhilfen und die Stimme, während der Reiter ständig »auf Fellfühlung« sitzt und die Vielfalt der Hilfen einsetzen kann. Zu geringes Temperament, zu wenig Ausstrahlung – das geht auch beim Fahren nicht. Wer zu tranig ist beim Springen oder in der Dressur, hat erst recht im Gespann keine Chance.

Besondere Anforderungen werden an das Sozialvermögen des Fahrpferdes gestellt. Da meist mehrspännig gefahren wird, müssen die Pferde »miteinander geschirren« können. Das heißt, daß einer wie der andere willens und in der Lage sein sollte, sich auf den (oder die) Partner einzustellen und sich anzupassen. Der ausgesprochene Losstürmer ist ebenso fehl am Platze wie der Langweiler. Andererseits darf das Tempe-

– Ohne Worte –

rament der Fahrpferde nicht überzogen sein, denn sehr viele äußere Einflüsse kommen auf das Fahrpferd zu, die von anderen Verkehrsteilnehmern verursacht werden. Denn der Fahrsport hat in Deutschland keine zugkräftige Lobby. Obwohl immer mehr Menschen ihre Freude am Fahrsport entdecken, wird es ihnen immer schwerer gemacht, fürs Pferdegespann geeignete Wege in Wald und Flur auszumachen. »Kaum hast du eine schöne, pferdegerechte Strecke entdeckt«, so ein Sportfahrer aus Erfahrung, »klebt schon am nächsten Tag ein Verbotsschild am nächsten Baum...«. Dafür stapft die große Gemeinschaft der Waldnutznießer, allen voran die Wanderer, klaglos durch die häßlichen Kuhlen und Rinnen, die forstwirtschaftliche Mehrzweckbomber oder Traktoren in den Waldboden gefetzt haben.

Pferdegespanne auf der Straße – das kann auf Dauer nur dann gutgehen, wenn disziplinierte, gut geschulte Pferde die Kutsche ziehen.

Der Einsteiger in den Fahrsport trifft seine Wahl am besten unter jenen Pferderassen, die über Generationen hinweg speziell für den Fahrsport gezüchtet worden sind: schwerere, dennoch edle Schläge, mit guten, raumgreifenden Grundgangarten und hervorragenden charakterlichen Eigenschaften, attraktiv anzusehen und leicht lenkbar. Zum Beispiel Kladruber, Friesen, Gelderländer, Haflinger, schweres ungarisches Warmblut. Ein Paß-Gespann ist relativ einfach zu finden, pro Paar muß mit einer Geldausgabe zwischen 20000 und 30000 Mark gerechnet werden, die Kosten für Geschirr und Wagen nicht inklusive.

Für die höheren, wettkampfrelevanten Kategorien des Fahrsports gilt das elegante, großrahmige Warmblutpferd als das Maß aller Dinge. Die Suche nach dem bestgeeigneten Wettkampfpferd ist schwer. Geradezu Glückssache ist es, »Passer« für den Zwei- oder den Vierspänner zu finden. Ein »Zwei-Gespann« kostet zwischen 40000 und 50000 Mark. Das sind dann aber nur leicht eingefahrene Pferde, die Hauptarbeit muß noch geleistet werden.

Aus gutem Grund hat der Turnierfahrer stets noch mehrere Ersatz- oder Nachwuchspferde im Stall.

... wie der Blitz

Träume, Wünsche, Pläne, gute Vorsätze, konkrete Vorstellungen vom künftigen Pferd und über die Art seines Einsatzes – alles gut und schön.

Doch der beste Pferdesucher ist auch nur ein Mensch.

Manchmal trifft ihn die große Liebe wie der Blitz aus heiterem Himmel. Und wenn es im hintersten Winkel irgendeines Pferdemarktes ist.

Dann gibt's nur eins: draufsetzen, zugreifen, glücklich werden.

Vor dem Handschlag kommt der Rechenstift

Mit den Kosten für die Anschaffung allein ist es nicht getan. Deshalb gilt es zunächst nach dem Rechenstift zu greifen und zu kalkulieren, um sich vor künftigen Enttäuschungen zu sichern. Kann ich mir, auf lange Sicht, ein eigenes Pferd überhaupt leisten? Das ist die Grundsatzfrage.

Abgesehen vom Kaufpreis des Pferdes ergibt sich eine lange Liste von Folgekosten, die pünktlich jeden Monat aufzubringen sind. Es nützt nichts, sich dabei zu beschwindeln – Ehrlichkeit ist angesagt, damit sich nicht eines Tages die finanzielle Belastung als untragbar erweist. Mündlich zugesicherte »Freundschaftsdienste« Dritter, etwa das neue Pferd billig unterzubringen oder bei Pflege oder Beritt behilflich zu sein, nützen auf Dauer wenig. Nur aufs Konkrete, Eigenverantwortliche ist Verlaß.

Der Pferdebesitzer kann viel dazu beitragen, daß sein Pferd lange gesund bleibt. Er handelt damit nicht nur dem Pferd zuliebe, sondern schont damit gleichzeitig sein Bankkonto. Damit das Pferd wirklich glücklich ist, kommt es zum einen auf die artgerechte Unterbringung an, die nicht nur auf das physische Wohlergehen, sondern vor allem auf die Psyche des Pferdes ausgerichtet sein muß. Zum anderen geht es darum, die vertrauensvoll vom Pferd angebotenen »Pferdekräfte« niemals sinnlos auszupowern. Pferde verfügen über eine angeborene Bewegungslust. Der Mensch sollte sich hüten, Schindluder mit dieser wunderbaren Pferdeeigenschaft zu treiben. Alles zu seiner Zeit. Nur ein behutsam an seine Leistungen herangeführtes Pferd, dessen Selbstvertrauen nicht durch die unsinnige Belastung zum falschen Zeitpunkt zerstört wird, »hält« auf Dauer lange.

Die besten Vorsätze sind gefaßt – jetzt folgt die Umsetzung in die Tat. Zunächst die Suche nach dem guten Stall.

Um einen für Pferde geradezu lebenswichtigen Punkt gleich vorwegzunehmen – jeder Stall, der für seine Pensionsgäste täglichen Koppelgang zu bieten hat, entspricht in der Regel einem Fünfsternehotel für Pferde. Der regelmäßige Frischluftaufenthalt – noch dazu ohne den von der Natur überhaupt nicht vorgesehenen »Rucksack« im Kreuz – kommt den natürlichen Bedürfnissen des Flucht- und Lauftieres Pferd am weitesten entgegen. Das Pferd kann nicht nur rege Sozialkontakte mit den Artgenossen pflegen, es kann sich stundenlang damit beschäftigen, nach Urväter Sitte seine Nahrung zusammenzusuchen. Es kann sich bewegen nach Herzenslust und dabei jede Menge frischer Luft einatmen. Das Gemüt, der Verdauungstrakt, Herz und Lunge, Sehnen, Muskeln und Gelenke bleiben kräftig und gesund.

Doch die Weide birgt Gefahren. Vor allem im Frühjahr, wenn das erste Gras aus dem Boden sprießt, heißt es aufpassen. Dieses Frühjahrsgras ist besonders eiweißhaltig. Frißt ein Pferd zuviel von dieser Köstlichkeit, kann es Hufrehe bekommen. Deshalb dürfen im Frühjahr die Pferde nur befristet auf der Weide bleiben.

Viel pferdegerechter ist die Weide mit spärlichem Futteranfall. Dadurch ist das Pferd stundenlang beschäftigt, zupft hier ein Gräslein, dort ein wohlschmeckendes Kraut und langweilt sich selten.

Freilich gibt es selbst auf den gepflegtesten Weiden Würmer und Parasiten, die dem Pferd gefährlich werden können. Deshalb ist während der Weideperiode die regelmäßige Entwurmung der Pferde von größter Wichtigkeit. Der künftige Pferdebesitzer sollte sich deshalb schon im voraus genau erkundigen, wie oft und auf welche Weise die gesamte »Weide-Belegschaft« entwurmt wird.

Wie ernst der Stallhalter die Weidepflege nimmt, das sieht der Kenner auf den ersten Blick. Üppige, nicht ausgemähte Geilstellen vom Vorjahr, Uralthaufen halbverrotteter Pferdeäpfel, jede Menge Steine, die

Die Kuh muß dem Pferd »hinterherlaufen«.

der Regen auf kahlen, leergefressenen Stellen herausgespült hat – das sind Merkmale der ungepflegten Weide, die zudem nicht die Chance hatte, sich zu regenerieren.

Was dagegen den Kenner erfreut, sind Rinder auf den Pferdekoppeln. »Die Kuh muß dem Pferd hinterherlaufen«, heißt es. Das bedeutet, daß Wiesenstücke grundsätzlich von Pferden und Rindern alternierend beweidet werden sollten. Mehrere Fliegen werden dabei mit einer Klappe geschlagen. Zum einen frißt das Rind mit Vorliebe jene Gräser, die das Pferd verschmäht, zum anderen enthält der Kot des Rindes einen Bestandteil, der jeden Wurm vertreibt.

Weideunfälle sind nicht auszuschließen. Nur in Ausnahmefällen ist Pferdestreit die Ursache; die Weidegefährten legen schnell und gründlich die entsprechende Rangordnung fest und respektieren diese konsequent. Trotzdem ist es ratsam, jeden »Neuzugang« in die Gruppe während der ersten Stunden nicht unbeaufsichtigt zu lassen. Das Pferd sollte außerdem ein Stallhalfter tragen, damit jederzeit ins Geschehen eingegriffen werden kann, falls die Situation brenzlig werden sollte. Das aber, wie gesagt, geschieht selten.

Die Hauptursachen für Weideunfälle liegen in der unsachgemäßen, billigen Umzäunung oder auch in der schlechten Pflege der Weide. Riskant sind zum Beispiel Löcher im Boden, grasüberwucherte Steine, Balken oder sonstige harte, »liegengelassene« Gegenstände.

Für den Weidezaun ist das beste Material in bester handwerklicher Verarbeitung gerade gut genug. Der billige Weidezaun kann dagegen teuer werden und alle Kosten der Pferdehaltung in den Schatten stellen. Das hat sich leider schon viel zu oft erwiesen. Dann nämlich, wenn Pferde ausgebrochen sind und zum Teil schreckliche Unfälle im Straßenverkehr verursacht haben, für deren Folgen der Pferdehalter geradeste-

»Ätsch, war ja gar kein Strom drauf!«

hen mußte. Oder wenn sich scheuende Pferde in der Stacheldrahtumzäunung der Weide entsetzliche, nicht selten tödlich endende Verletzungen zugezogen haben. Erstaunlicherweise sind Stacheldrahtumzäunungen ebensowenig auszurotten wie die geradeso törichte Umfriedung mit bloßem Elektrodraht, meist noch dazu schlampig befestigt zwischen lockeren Stangen, die kreuz und quer in den Boden geschlagen sind. Wenn Pferde in Panik geraten, vergessen sie den Respekt vor der Berührung mit dem aufgeladenen Draht. Auch Plastikfähnchen, aus optischen Gründen an den Senkrechtbalken befestigt, bringen das davonstürmende Pferd nicht zum Halten.

Der beste Koppelzaun ist der solide Holzzaun, mindestens 1,40 Meter hoch, doppelte Balkenführung, mit einem Pfahlabstand von 2,5 bis 3 Metern. Dabei sollte mindestens ein Drittel des gut imprägnierten Pfahls im Erdreich stecken.

Ein Pferdebesitzer, der sich im voraus informiert, fährt am besten. Will er aber andererseits, geschockt durch wilde Weidezaun-Improvisationen, trotzdem nicht gleich die Flucht ergreifen, sollte er mit dem Stallbetreiber reden, ob nicht in gemeinsamer Arbeit ein besserer, höhere Sicherheit garantierender Zaun geschaffen werden könne. Durch Mithilfe bei der Finanzierung oder durch eigenes Ärmel-Hochkrempeln.

Mitunter ist auch Mutter Natur mit im Spiel – es gibt herrliche Weiden, die zumindest an einer oder gar an zwei Seiten durch dichte Hecken oder kleine Wasserläufe begrenzt sind. Das sind Hindernisse, die von den Pferden stets akzeptiert werden.

Noch ein Wort zum Koppeltor. Tore von Koppeln, die nahe an verkehrsreichen Straßen liegen (oder weit entfernt und nicht einsehbar vom Heimatstall aus), müssen so gut abgesichert sein, daß sie von keinem »Scherzbold« unbefugt geöffnet werden können.

Es gibt zahlreiche Möglichkeiten, Pferde zu halten und damit die Kosten zu beeinflussen. Pferdehaltung auf dem Lande oder in der Stadt, Pferdehaltung in eigener Regie oder zusammen mit Freunden, Pferdehaltung im Offenstall oder in der gekachelten Box – der künftige Pferdebesitzer muß sorgfältig Umschau halten, muß überlegen und prüfen, um schließlich die beste Entscheidung für sich und vor allem für sein Pferd zu treffen.

Wohnt der »Pferdeherbergssuchende« in ländlicher Umgebung und hat er keine allzugroßen sportlichen Ambitionen (das eine schließt das andere jedoch keineswegs aus!), so wird es ihm nicht schwerfallen, einen hübschen Bauernstall in der Nachbarschaft zu finden. Mit zunehmender Tendenz suchen Landwirte nach dem sogenannten »zweiten

Auch das Schulpferd braucht Weideferien

Der Nutzen der Pferdekoppel hat sich weit herumgesprochen. Nicht wenige große Vereine mit Reitanlagen am Stadtrand profitieren von der Gunst des Standortes. Dann nämlich, wenn Brachflächen in Pferdekoppeln umgewandelt und besitzrechtlich in irgendeiner Form an den Verein vergeben werden können. Meist können dann Privatpferdebesitzer gegen eine jährliche Kostenbeteiligung für ihr Pferd das Weiderecht in Anspruch nehmen.

Doch der glückliche Pferdebesitzer, der seinem Pferd so die optimale Betreuung angedeihen läßt, sollte eine Spezies nicht vergessen: die Schulpferde des Stalles. (Schließlich haben die meist ganz entscheidend dazu beigetragen, daß der Reiter den Status eines »Fortgeschrittenen« überhaupt erreichen konnte.) Gerade die Schwerstarbeiter des Vereins brauchen die regelmäßige Entspannung auf der Koppel.

Deshalb hat jeder »Weidebenutzer« im Verein nicht nur ein Mitzahlungs- sondern auch ein Mitspracherecht.

Der tätige Einsatz fürs Schulpferd kennzeichnet dann den wahren Pferdefreund.

Bein« zur wirtschaftlichen Betriebsführung. Da bietet die Pferdepension eine gute Chance, zumal auch durch die Freisetzung landwirtschaftlich genutzter Böden aus der Getreideproduktion der entsprechende Raum für Koppeln, Paddocks sowie Abreiteplätze geschaffen werden kann.

Auch im ländlichen Stall sollten möglichst noch weitere Pferde stehen, denn nichts belastet das Pferd mehr als Einsamkeit. Ohne Artgenossen unter einem Dach gewöhnt es sich zudem auch sehr leicht Makken an, die der Fachjargon ebenso arrogant wie ungerecht als »Untu-

Auch das Schulpferd braucht Weideferien.

genden« bezeichnet, zum Beispiel Weben, Koppen (Luftschlucken, Krippensetzen), Boxenlaufen.

Auch der ländliche Stall muß als Pferdestall eingerichtet sein. Das heißt, er muß hell sein, gut durchlüftet und sollte Boxen für die Pferdeunterkunft bieten. Ein billiger, improvisierter Verschlag im umfunktionierten, düsteren Kuhstall, der keinerlei Luftzirkulation bietet, in dem das Pferd angebunden den größten Teil des Tages zu verbringen hat, nützt möglicherweise zunächst dem Geldbeutel des Besitzers (und auch des Betreibers). Im Endeffekt zahlt jedoch das Pferd die Zeche.

Glücklicherweise gerät diese Art, Pferde zu deponieren und zu stapeln auch im kleinsten Dorf mehr und mehr ins Hintertreffen.

Vollpension auf dem Lande kostet im Monat zwischen 350 und 500 Mark. Allerdings wird meist stillschweigend vorausgesetzt, daß der glückliche Pferdebesitzer selber zumindest zum Striegel und hin und wieder auch zur Mistgabel greift. Andere kleine Dienstleistungen am Pferd sind eingeschlossen. Die Höhe der Pensionskosten hängt außerdem von der »Pferdedichte« des Dorfes und des ganzen Umlandes ab; je näher die nächstgrößere Stadt und je größer die Sportbegeisterung in derselben, um so eher klettert auch der Preis für die Pferdeunterbringung. Auch die Nähe einer Reithalle wirkt sich preisbildend aus.

Im großen städtischen Vereins- oder Privatstall entrichtet der Pferdebesitzer meist einen Grundbetrag zwischen 600 und 800 Mark als Vollpensionspreis, der Unterkunft, Pflege, Grundfutter und eine mittlere Kraftfuttermenge umfaßt. In der Regel sind die Benutzung der Reithalle und auch der Unterricht in der Abteilung eingeschlossen. Einzelstunden beim vereinsangestellten Reitlehrer kosten »extra«. Auch den Beritt oder die gelegentliche Korrektur seines Pferdes muß sich der Eigentümer meist ein paar Scheine kosten lassen. Ein Entgelt, das stets eine Frage der Verhandlung ist.

Auch der städtische Pensionsstall unterscheidet zwischen der Miete für Box oder Stand. Erfreulich in diesem Zusammenhang: Die Zahl jener Stadt-Ställe wächst ständig, in denen auch die Schulpferde in Boxen untergebracht sind. Das fördert nicht nur die Wirtschaftlichkeit der Betriebsführung des Stalles, denn auch ein »glückliches« Schulpferd bleibt länger gesund – es fördert vor allem auch das Image des betreffenden Stalles und seiner Betreiber.

Was sonst noch zum gut geführten Stall gehört: Außer der Reithalle, die zumindest die Maße von 40 × 20 Metern haben sollte, weitere Außenplätze zum Longieren, zum Spring- und zum Dressurtraining, eventuell auch zum Üben der ersten Runden mit dem Gespann. Ist darüber hinaus noch eine Putz- und Waschanlage im Freien vorhanden – um so besser. Im Stall ist die Waschbox unentbehrlich, ebenso wie der getrennte Beschlagplatz, damit der Schmied, ungehindert vom üblichen Stallbetrieb, in aller Ruhe arbeiten kann.

Auch der Blick in die Sattelkammer erlaubt gewisse Rückschlüsse.

Angefangen beim Zustand des Sattelzeuges bis hin zur ordentlichen und klar gekennzeichneten Aufhängung der Sättel und des Zaumzeugs ist die Sattelkammer – wie auch das Reiterstübchen – eine Art Visitenkarte des ganzen Unternehmens.

Handelt es sich um einen Vereinsstall, so ist die Mitgliedschaft des neuen Pferdebesitzers eine der Voraussetzungen für die Aufnahme des Pferdes in die Stallgemeinschaft. Die Jahresbeiträge schwanken zwischen 350 und 800 Mark; meist erheben die Vereine darüber hinaus auch noch eine einmalige Aufnahmegebühr, die durchaus vierstellig sein kann.

Gleicher Unterricht für alle – wirklich?

Nur Ställe, in denen alles klappt, dürfen sich das bunte FN-Schild an die Türe nageln. Leider werden jedoch die entsprechenden Kontrollen von seiten der siegelvergebenden und obersten Pferdesportbehörde der Nation meist nur am lockeren Zügel vorgenommen, wodurch die hübsche Plakette stark an Aussagekraft eingebüßt hat.

An einem bedeutsamen Punkt klemmt es ganz besonders. Gute Ställe mit guten Ausbildungsmöglichkeiten für alle Alters- und Interessengruppen sind noch immer Mangelware in deutschen Landen. Oft konzentrieren sich die Bemühungen der Reitpädagogen auf die betont leistungsorientierten Sportler, denn nur diese sind, nach gängiger Meinung, das Aushängeschild des Vereins. Dabei bleiben die Reiter, die ihren Sport »nur« zum Vergnügen ausüben, auf der Strecke, alleingelassen mit ihren Bemühungen; manchmal gar arrogant belächelt. Wenn sie Glück haben, steht wenigstens der »Auszubildende im zweiten Lehrjahr« für kleine Unterrichtseinheiten zur Verfügung.

Deshalb ist der künftige Pferdebesitzer gehalten, sich vor Abschluß des Einstellungsvertrages gründlich zu informieren und die Zielsetzungen des Hauses (und damit die des Reitlehrers) mit den eigenen Wünschen und Vorstellungen in Übereinstimmung zu bringen. Hat er dann das Paradies mit passendem Umfeld gefunden, darf er nicht knausern. Lieber 50 bis 100 Mark mehr investieren für die gute Unterbringung des Pferdes bei gleichzeitiger optimaler Betreuung und Förderung der eigenen Fähigkeiten im Sattel (oder auf dem Bock), als sich tagaus, tagein zu ärgern über den schlampig geführten Stall, den ruppigen oder arroganten Reitlehrer, den miesen Umgangston zwischen Stallgasse und Sattelkammer.

Der Mensch kann wenigstens nach der Reitstunde davonlaufen. Das Pferd kann es nicht. Es ist dem schlecht geführten Stall mit allen seinen Nachteilen hilflos ausgeliefert.

Als Mittelding zwischen städtischem und ländlichem Erwerbstall fungiert die private Interessengemeinschaft. Hier werden alle Pferde auf Selbstkostenbasis gehalten. Der einzelne Besitzer ist jedoch auch an allen Risiken des Stalles und seiner Betriebsführung mitbeteiligt.

Vom Grundstückserwerb und den Baukosten einmal ganz abgesehen, liegen die reinen Futter- und Pflegekosten pro Pferd bei mindestens 300 Mark im Monat. Außerdem kommt es darauf an, ob eine Pflegeperson eingestellt und damit entlohnt wird, oder ob die Menschen aus der Stall-Sozietät reihum den Stalldienst übernehmen. Hierbei ist – bei aller Freundschaft! – größtmögliche Akkuratesse in der »Buchführung« angezeigt, denn die jeweiligen Einsatzzeiten müssen genau festgelegt und schriftlich fixiert werden. Denn es sind Lebewesen, die zu betreuen sind. Pünktlichkeit und Regelmäßigkeit sind zwei der Grundforderungen.

Die Stallgemeinschaft muß außerdem an die Bildung von Rücklagen für den Erwerb oder die Erhaltung der baulichen Anlagen denken. Auch Zuschüsse für unvorhergesehene Ereignisse könnten eines Tages erforderlich werden.

Alles in allem – eine zwar sehr ökonomische Form der Pferdehaltung, die jedoch besonders hohe Anforderungen an die Harmonie der Beziehungen und auch an die Disziplin aller Beteiligten stellt.

Eine besondere Form der Pferdehaltung ist ganz groß im Kommen: Die sogenannte Gruppen-Auslaufhaltung im Offenstall kann entweder erwerbsorientiert betrieben werden oder durch den bereits erwähnten privaten Zusammenschluß Gleichgesinnter. Die reinen Futterkosten pro Pferd liegen bei 300 Mark, doch wenn die Gruppen-Auslaufhaltung auf ökonomischer Basis betrieben wird, ist mit einem Aufschlag von mindestens 200 Mark zu rechnen.

Diese Form der Pferdehaltung kommt dem Wesen des bewegungsliebenden Pferdes am weitesten entgegen.

Der Offenstall kann neu erbaut werden, doch auch außer Betrieb gestellte landwirtschaftliche Gebäudeteile wie Scheunen oder Rinderstallungen sind ohne allzu große Schwierigkeiten für den neuen Zweck umzurüsten. Vorausgesetzt, die umzufunktionierenden Baulichkeiten sind hoch genug. Die Mindesthöhe beträgt drei Meter. Aus Sicherheitsgründen sollte der Stall zwei einander gegenüberliegende Ausgänge haben.

Dem zugluftgeschützten Offenstall ist der entsprechend geräumige, mit guter Drainage versehene, pferdegerecht eingezäunte Auslauf angeschlossen. Pro Pferd werden 25 bis 30 Quadratmeter Grundfläche veranschlagt. Für die Hauptwege zum Stall empfiehlt sich die Pflasterung mit rutschfestem Material. Eine Zugabe, die die Pferde ausnahmslos begeistern wird, wäre die Anlage einer tiefen, sandigen Kuhle, breit genug, damit ein fröhliches Pferd sich darin wälzen kann.

Die einzelnen Funktionsbereiche – für die Themen Fressen, Trinken,

Manche wollen die absolute Fellfühlung...

Liegen, Wälzen, Laufen – liegen stets in angemessener Entfernung voneinander, so daß das Pferd den ganzen Tag über beschäftigt und in Bewegung ist. Rund um die Uhr kann es über den Ablauf seines Tagesprogramms frei entscheiden. Es lebt in der Gruppe, die sich innerhalb kürzester Zeit miteinander arrangiert hat.

Das Kraftfutter wird in der Regel zu bestimmten Zeiten und individuell für jedes einzelne Pferd in sogenannten Freßständen verabreicht. Ein großer Haufen Rauhfutter, beispielsweise in Rundhaufen angeordnet, ist den ganzen Tag über und auch während der Nacht für alle Pferde erreichbar. Die Pferde können sich dort nach eigenem Ermessen bedienen.

Manche wollen die absolute Fellfühlung, das Pferd vor der Haustür gewissermaßen. Doch hier heißt es wirklich aufpassen, will der liebende Pferdemensch nicht im Überschwang der Gefühle das Falsche tun. Schick und romantisch ist es allemal, wenn einem das neue, oft heißersehnte Familienmitglied Pferd quasi auf den Frühstückstisch gucken kann.

Doch es sind mancherlei Punkte zu beachten, die hier nur angerissen werden können, bevor der Traum in die Tat umgesetzt werden kann. Die umfunktionierte Gartenlaube als Stall genügt nicht. Das Pferd braucht

Oben: Haflinger, die »Allroundpferde«, robust, kräftig und ausdauernd.
Unten: Oldenburger imponieren durch ihre stolze Haltung. Ein vielseitig verwendbares Reitpferd, ausgeglichenes Temperament.

Luft zum Atmen. In doppelter Hinsicht. Und es braucht die Gesellschaft von Artgenossen.

Nicht zu unterschätzen ist das Maß an Verantwortung, das auf den betreuenden Menschen zukommen wird, denn der vierbeinige Familienzuwachs bedarf der regelmäßigen und pünktlichen Dienstleistung. Dreimal am Tag will das Pferd sein Futter, dazu sollte die Box mindestens zweimal gemistet und frisch eingestreut weden. Daraus ergibt sich zwangsläufig die Frage der umweltfreundlichen, hygienischen Entsorgung des Pferdemistes. Auch das beste Frühbeet im heimischen Garten ist irgendwann einmal mit Pferdeäpfeln überfüttert.

Schließlich duldet der Dienst am Pferd keine Unterbrechung und keinen Aufschub. Weder durch Ausschlafen am Wochenende noch durch die Urlaubsreise. Es sei denn, es finden sich Betreuer, zu denen nicht nur der Besitzer volles Vertrauen haben kann. Das Pferd erst recht.

Für den täglichen Frischluftaufenthalt muß zumindest ein gepflegter Paddock mit Allwetterboden und guter Drainage zur Verfügung stehen. Und der eigene, große Obstgarten, der schon lange besser genutzt werden sollte? Auch nicht schlecht. Nur muß das Gartenstück bestens und pferdegerecht eingezäunt und in mindestens zwei Parzellen teilbar sein, damit sich die Koppelteile, die je nach Pferdebesatz und Bodenbeschaffenheit arg strapaziert werden können, entsprechend nachhaltig wieder erholen können.

Auch für den Nicht-Leistungssportler von Wichtigkeit sind die Reithalle in der Nähe und der pferdefreundliche Zugang zum Gelände. Jede vielbefahrene Straße mehr, die überquert werden muß, erhöht die Gefahr für Roß und Reiter.

Blick in die Futterkrippe

Ganz gleich, welcher Herbergsvater einmal dem Pferd das Futter in die Krippe schütten wird – der künftige Pferdebesitzer muß Bescheid wissen, was und wie im Stall seiner Wahl gefüttert wird. Auch bei der Festlegung des Quantums heißt es, Ohren und vor allem die Augen offen zu halten. Das hat weder mit Herumspionieren noch mit kleinlicher Akribie zu tun – das offene Wort zur rechten Zeit dient vielmehr dem Aufbau von gegenseitigem Vertrauen. Sowohl was die Menge als auch die Zusammensetzung angeht, ist Pferdefutter nicht gleich Pferdefutter. Grundsätzlich sind beide Faktoren vom Alter des Pferdes und durch seine Beanspruchung bestimmt. Ein Jährling braucht eine andere Zusammensetzung seines Speiseplanes als ein älteres »Ausreitpferd«.

Legt der Mensch gesteigerten Wert auf die Ausgewogenheit seiner Nahrung, so gilt dieser Aspekt erst

Oben: Trakehner, eine der edelsten Reitpferderassen, beweglich und ausdauernd, lebhaftes Temperament.
Unten: Isländer, einer vom Stamme der »Fünfgangpferde«, gutmütig, ausdauernd und langlebig.

Jeder Pferdebesitzer muß genau wissen, was im Stall seiner Wahl gefüttert wird.

recht fürs Pferd, das sich als domestiziertes Wesen seine Nahrung nicht mehr nach Instinkt zusammenstellen kann. Das Futter in der Krippe muß den Eiweiß-, Energie-, Mineralstoff- und Vitaminbedarf des Pferdes dekken. Aufpassen heißt es vor allem bei der Deckung des Eiweißbedarfs. Hier ist schnell des Guten zuviel getan, was für das Pferd gefährliche Folgen haben kann. Ein eiweißüberfüttertes Pferd neigt nicht nur zu vermehrten Durchfällen, es kann auch an der sehr schmerzhaften und langwierigen Hufrehe erkranken.

Vor allem junge Pferde werden gerne mit Eiweiß vollgestopft, um sie dann als potente Kraftbündel mit glänzendem Fell bei der Auktion oder bei sonstigen Verkaufsveranstaltungen publikumswirksam vorzustellen. Nicht jeder Pferdemensch kann Babyspeck von guter Muskelmasse unterscheiden. Doch eine Tatsache entlarvt den Eiweißbomber – er läßt, häufiger als normal gefütterte Artgenossen, auffallend hellgelbe Pferdeäpfel fallen, die die Charakterisierung »Äpfel« im Grunde gar nicht verdienen. Zum Durchfall ist es nur noch ein ganz kleiner Schritt.

An Mineralstoffen braucht das Pferd hauptsächlich Kalzium, Phosphor und Natrium. Während Kalzium und Phosphor im Hafer enthalten sind und es darüber hinaus im Handel spezielle Mineralstoffmischungen als Futterzusätze zu kaufen gibt, ist der Natriumbedarf schlicht und billig abgedeckt durch den Salzleckstein, der in keiner Box oder Futterkrippe fehlen sollte. Die Dosierung bestimmt das Pferd selber.

Bekommt das Pferd im Sommerhalbjahr Grünfutter beim Weidegang, so deckt es damit gleichzeitig seinen Vitamin-A-Bedarf. Knapper wird es dagegen im Winterhalbjahr, wenn Heu gegeben wird. Da Vitamin-A im Organismus aus Karotin gebildet wird, kann der Pferdebesitzer seinem Pferd mit täglichen Möhrengaben über die licht- und vitaminarme Jahreszeit hinweghelfen. Mit mindestens einem Kilo pro Tag. Auch Vitamin-D braucht das Pferd. Der Weidegänger bekommt es zum Nulltarif durch das Sonnenlicht. Für alle anderen »Kellerkinder« gibt es im Handel Vitamin-D-Präparate. Ebenfalls lebensnotwendig, weil für die Skelett- und Herzmuskulatur zuständig, ist Vitamin-E fürs Pferd. Es ist in vielen Futtermitteln enthalten – der Pferdebesitzer sollte sich beim Stallpersonal erkundigen. Fragen kostet schließlich nichts.

Der Grad der Nährstoffkonzentration hängt von der Leistungsanforderung ab. Die Futtermenge ebenso. Als Mittelwert für ein Sportpferd bei durchschnittlicher Belastung werden vier Kilo Hafer, sechs Kilo Heu und drei Kilo Ergänzungsfutter (Pellets, Mash, Weizenkleie, Maissilage oder ähnliches) veranschlagt.

Durch nichts zu ersetzen ist Heu auf der Pferdespeisekarte. Als Rauhfutter mit hohem Rohfaseranteil ist es nicht nur für die Versorgung des Pferdes mit Nährstoffen und Spurenelementen von Bedeutung. Es fördert und erleichtert die Verdauung, denn es liefert, genau wie gutes Futterstroh, auf dem die Pferde ebenfalls gerne und stundenlang herumkauen, jene Ballaststoffe, die für die gesunde Darmtätigkeit unentbehrlich sind.

Ein nicht unwesentlicher Nebeneffekt kommt hinzu: Mit der täglichen Kraftfuttergabe ist die Futterkrippe nach wenigen Minuten »geputzt«. Das Pferd, dem die mühsame und zeitintensive Nahrungssuche auf der freien Wildbahn noch im Blut steckt, würde sich noch mehr langweilen im neuzeitlichen Stall, wenn es nicht mit der Heu- und Strohaufnahme für geraume Zeit beschäftigt wäre.

Qualitativ wertvolles, nährstoffreiches Heu erkennt der Betrachter am Duft und an der Farbe. Delikatessen unter den Heusorten sind Kleeheu und Luzerneheu. Kommt der Herbergsuchende gar in ein Etablissement, in dem duftendes Heu verfüttert wird, das nicht in Ballen gepreßt, sondern noch altmodisch geerntet wurde, so kann er ziemlich sicher sein, daß er an ein Luxushotel für Pferde geraten ist.

Ein Blick noch in die Tränkebekken. Sie sollten sauber gehalten sein, denn wenn das Becken auch nur die geringste Verunreinigung aufweist, verweigert das sauberkeitsliebende Pferd den Schluck aus der »trüben Tasse« beharrlich. Verklebte Tränken und Futterkrippen, die mit Futterresten in den Ecken behaftet sind, erlauben zudem ganz bestimmte Rückschlüsse auf die Stallführung.

Der Pferdeeinstellungsvertrag

Ein Pferd auf Treu und Glauben einzustellen, ist zwar lieb und recht. Viel besser ist jedoch die Schriftform. Wenn entscheidende Details der Pferdehaltung, Fragen zu Lei-

Pferdeeinstellungsvertrag

Zwischen dem Reit- und Fahrverein ....

.... – im folgenden »Verein« genannt –

und Herrn/Frau/Frl. ....

.... – im folgenden »Einsteller« genannt –

§ 1

Für die Einstellung des Pferdes
Name: ....
Abstammung: ....
Abzeichen: ....
wird in dem Stallgebäude des Vereins ein(e) Boxe/Stand vermietet.

§ 2

Die Gewährung der Einstellung umfaßt:
1. Vermietung gemäß § 1
2. Lieferung von Einstreu und Entmisten
3. Lieferung von Heu und Tränke
4. Lieferung von Haferfutter (∅ ... kg pro Tag)
(Zusatzfutter gemäß gesonderter Berechnung)
5. Pflege und Betreuung des Pferdes
6. Pflege von Sattel und Zaumzeug
7. Benutzung der Reitanlagen des Vereins laut gültiger Betriebsordnung.

§ 3

Der Vertrag beginnt am .... und endet am ..../läuft auf unbestimmte Zeit. Bei Vertrag auf unbestimmte Zeit kann von jedem Teil mit 14tägiger Frist zum Monatsende gekündigt werden.
Die Kündigung kann nur schriftlich erfolgen. Für die Einhaltung der Frist ist die Ankunft des Kündigungsschreibens maßgebend.

§ 4

Der Verein kann ohne Einhaltung einer Kündigungsfrist mit sofortiger Wirkung kündigen, wenn
1. der Pensionspreis für den laufenden Monat nicht mit Ablauf des Monats beim Verein oder auf dessen Konto eingegangen ist.
2. der Einsteller die Betriebsordnung trotz schriftlicher Abmahnung mehrfach verletzt,
3. der Einsteller oder eine Person, die er mit dem Reiten, der Pflege oder der Aufsicht seines Pferdes beauftragt, die guten Sitten verletzt oder sich dem Verein gegenüber einer erheblichen Belästigung schuldig macht,
4. das Pferd des Einstellers koppt, webt oder vergleichbare Fehler oder (Stall-)Untugenden hat oder zu zeigen beginnt, die auf andere Pferde übergreifen können, und es dem Verein nicht ohne weiteres möglich ist, das Pferd des Einstellers so unterzubringen, daß solche Eigenschaften oder Fehler nicht auf andere Pferde übergreifen können.
Die Kündigung muß schriftlich erfolgen.

§ 5

Der Pensionspreis beträgt .... DM monatlich. Der Pensionspreis muß im voraus bis spätestens zum 10. des laufenden Monats auf dem Konto ....
bei ....
.... eingegangen sein.

Vorübergehende Abwesenheit (z.B. Turnierbesuch, Urlaub etc.) befreit nicht von der Pflicht zur Zahlung des Pensionspreises; der Pensionsbetrag ermäßigt sich bei längerer Abwesenheit des Pferdes für jede volle Woche der Abwesenheit um ... DM für ersparte Futterkosten.

Bei Veränderung der Betriebskosten des Vereins um mindestens 10% ist jeder Vertragsteil berechtigt, vom anderen eine angemessene Veränderung des Pensionspreises zu verlangen, ohne daß es einer Kündigung des Vertrages bedarf. Das Verlangen auf Änderung des Pensionspreises gilt als genehmigt, wenn der andere Teil nicht innerhalb von 4 Wochen schriftlich widerspricht. Ein Widerspruch gilt gleichzeitig als ordentliche Kündigung im Sinne des § 3. Der die Änderung verlangende Teil hat in seinem Änderungsschreiben auf diese Wirkungen nochmals besonders hinzuweisen.

§ 6

Der Einsteller kann gegenüber dem Pensionspreis nur mit einer unbestrittenen oder rechtskräftig festgestellten Gegenforderung aufrechnen oder ein Minderungs- oder Zurückbehaltungsrecht ausüben.

Der Verein erwirbt wegen fälliger Forderungen gegen den Einsteller ein Pfandrecht an dem Pferd des Einstellers und ist befugt, sich aus dem verpfändeten Pferd zu befriedigen. Die Befriedigung erfolgt nach den für das Pfandrecht geltenden Vorschriften des Bürgerlichen Gesetzbuches. Die Verkaufsberechtigung tritt zwei Wochen nach Verkaufsandrohung ein.

§ 7

Der Einsteller verpflichtet sich, Auskunft hinsichtlich fremder Eigentumsrechte an dem Pferd zu erteilen. Er garantiert dafür, daß das Pferd nicht von einer ansteckenden Krankheit befallen ist oder aus einem verseuchten Stall kommt, nicht koppt, webt oder vergleichbare Eigenschaften oder (Stall-)Untugenden hat, die auf andere eingestellte Pferde übergreifen können. Der Verein ist berechtigt, hierfür gegebenenfalls einen tierärztlichen Bericht auf Kosten des Einstellers zu verlangen.

Der Einsteller hat Stallhalfter und Anbinderiemen selbst zu stellen, sofern nicht eine andere Vereinbarung getroffen wird.

§ 8

Der Verein kann im Notfall im Namen und für Rechnung des Einstellers einen Hufschmied oder Tierarzt bestellen.

§ 9

Jede Veränderung hinsichtlich des eingestellten Pferdes ist dem Verein unverzüglich anzuzeigen, insbesondere ist der Einsteller nicht berechtigt, Boxen oder Stände an Dritte abzugeben oder ohne Zustimmung des Vereins bauliche Veränderungen an der Anlage oder im Stall vorzunehmen.

§ 10

Der Einsteller hat für alle Schäden aufzukommen, die an den Einrichtungen des Stalles und den Reitbahnen sowie an den Hindernissen durch ihn oder einen mit dem Reiten oder der Betreuung seines Pferdes Beauftragten verursacht werden.

§ 11

Für das eingestellte Pferd muß der Einsteller dem Verein den Abschluß einer Reitpferde-Haftpflicht-Versicherung nachweisen.

§ 12

Der Verein haftet nicht für Schäden an den eingestellten Pferden und sonstigen Sachen des Einstellers, soweit er nicht gegen diese Schäden versichert ist oder diese Schäden auf Vorsatz oder grobfahrlässiger Vertragsverletzung des Vereins, seines gesetzlichen Vertreters oder eines Erfüllungsgehilfen beruhen.

Der Einsteller erkennt ausdrücklich an, daß er über den Rahmen der vorliegenden Versicherungen unterrichtet ist und nur hieraus und in den Fällen des Absatz 1 Ansprüche gegen den Verein geltend machen kann.

§ 13

Zusätzlich vereinbaren die Parteien: ......
....
....
....
....
(Fortsetzung Rückseite)

§ 14

Änderungen dieses Vertrages bedürfen in jedem Falle der Schriftform.

Sollte eine Vereinbarung dieses Vertrages aus irgendeinem Grunde unwirksam sein, so wird der Vertrag nicht seinem gesamten Inhalt nach unwirksam.

Zusätzliche Vereinbarungen (Fortsetzung)

.................................., den

....
(Unterschrift Verein)

....
(Unterschrift Einsteller)

stung und Gegenleistung vertraglich geregelt werden, hat dies selbst unter den besten Freunden nichts mit Mißtrauen zu tun. Im Gegenteil. Die sachgerechte und faire Auflistung der einzelnen Punkte und das durch die Unterschriften bekundete Einverständnis der Partner schützen wirksam vor möglichen Meinungsverschiedenheiten.

Das vorstehend abgedruckte Muster eines Einstellungsvertrages, wie er natürlich auch vom privaten Stallhalter mit dem »Einsteller« geschlossen werden kann, hat sich bewährt.

Zusätzlichen Sondervereinbarungen aller Art sind keinerlei Grenzen gesetzt, sofern beide Partner damit einverstanden sind.

Womit außerdem gerechnet werden muß

Zwei Berufsvertreter kommen regelmäßig in den Stall: der Tierarzt und der Hufschmied. Selbst in gesunden Tagen braucht das Pferd den Pferdemediziner, und sei es nur, da-

Alle acht Wochen zum »Schuhmacher«.

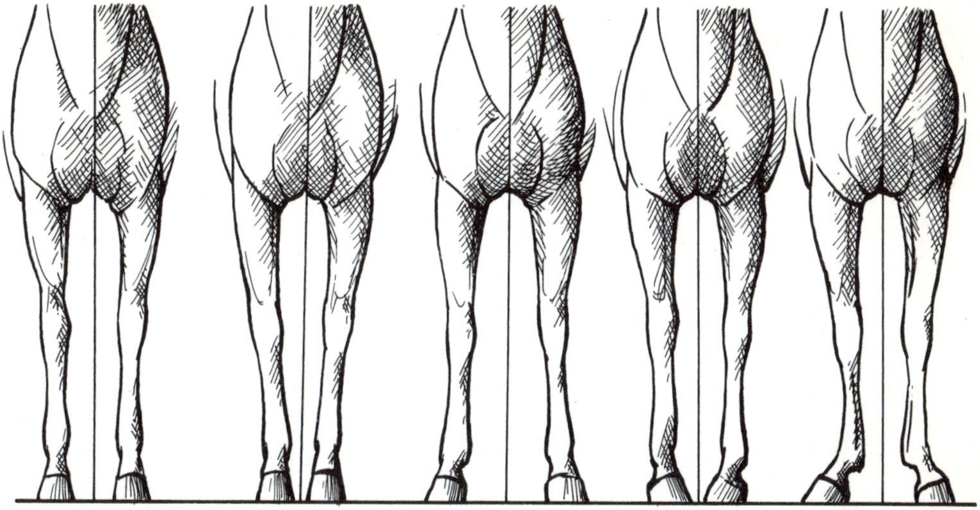

Stellung der Vorhand
Normale Stellung; bodenenge Stellung; bodenweite Stellung; zehenenge Stellung; zehenweite Stellung;
Pferde mit bodenenger und zehenenger Stellung streichen sich bei Ermüdung. Dadurch entsteht die Gefahr schmerzhafter Verletzungen im Fesselbereich.

mit er vorbeugende Schutzimpfungen gegen Pferdehusten (oder Hoppegartener Husten) und Tetanus vornehmen kann. Bei Weidepferden kommt die Schutzimpfung gegen Tollwut hinzu.

Weidet das Pferd während des Sommerhalbjahres, so sollten in regelmäßigen Abständen von etwa sechs Wochen und am Abschluß der Saison Wurmkuren unter Aufsicht des Tierarztes erfolgen.

Schon allein wegen dieser zwingend notwendigen Maßnahmen ist es ratsam, einen Pauschbetrag von etwa 50 Mark pro Monat in den Pferdehaltungs-Etat einzuplanen. Man bildet damit gleichzeitig auch eine gewisse Rücklage, wenn das Pferd einmal ernsthaft erkranken oder diese oder jene Blessuren im Sport erleiden sollte. Gute Pferdekliniken, die es mittlerweile in allen Landesteilen gibt, berechnen Tagessätze von 20 Mark aufwärts für Großpferde, 15 Mark aufwärts für Kleinpferde und Ponys. Die ärztlichen Behandlungskosten sind dabei nicht eingerechnet. Seit kurzem gibt es auch eine Krankenkasse für Pferde. Davon wird im Kapitel über Versicherungen noch die Rede sein.

Je nach Landstrich und Pferdedichte desselben ist es leichter, eine Stecknadel im Heuhaufen zu finden als einen guten Hufschmied. Aus dem mit Hammer und Amboß werkelnden Universalgenie vergangener Tage ist inzwischen ein versierter Techniker geworden. Schon allein die Eigenart des »Kunden«, der ihm, dem Schmied, den Huf entgegenstreckt, setzt eine individuelle Bedienung mit viel Fingerspitzengefühl voraus. Vom guten Schmied hängt nicht allein der Verlauf des Sonntagsrittes ab, auch Erfolg oder Mißerfolg des Hochleistungspferdes werden von der Qualität der Hufbehandlung mit beeinflußt.

In der Regel braucht das Pferd alle acht Wochen einen neuen Beschlag, nicht immer aber gleichzeitig auch neue Eisen. Je nach Beanspruchungsgrad und Bodenbeschaffenheit können die Eisen zwei- oder gar dreimal wieder aufgesetzt werden, nachdem

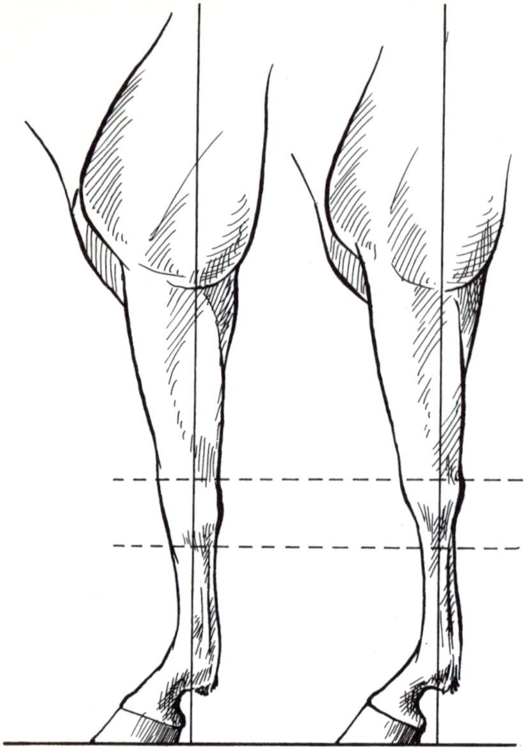

Die Vorhand
Links: Langer Unterarm mit optimaler Proportion des Vorderfußwurzelgelenks.
Rechts: Schwach proportioniertes Vorderfußwurzelgelenk.

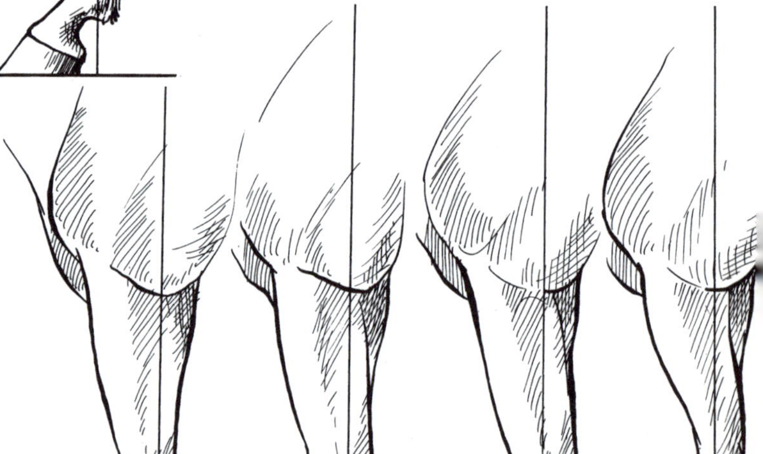

Von links nach rechts: Normalstellung der Vorhand, vorbiegige Stellung, unterständige Stellung: Das Pferd hat Probleme bei der Entwicklung langer, raumgreifender Tritte. Rückbiegige Stellung mit Gefahr der Verschleißanfälligkeit.

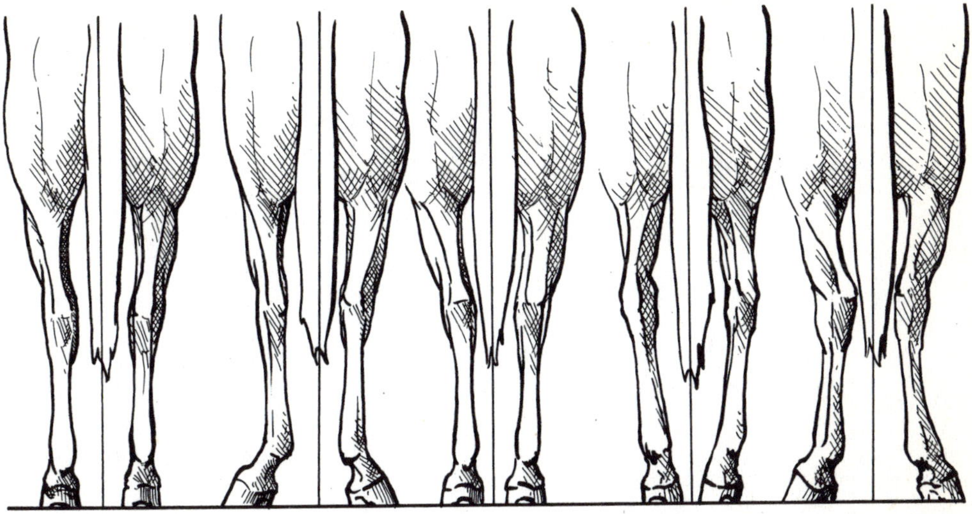

Oben: Die Stellung der Hinterhand.
Von links nach rechts: Normal; zehenweit; zeheneng; faßbeinige Stellung; kuhhessige Stellung.

Die Fesselung
Von links nach rechts: Normal; zu lange Fessel und auffällige Beugesehnen; steile Fessel mit der Folge eines harten Ganges; »Bärentatze«, die hohe Verschleißanfälligkeit bewirkt.

der Huf zuvor sorgfältig ausgeschnitten wurde. Auch für das »barfuß« gehende Pferd ist das Ausschneiden des Hufes im Abstand von acht Wochen unerläßlich.

Optimal ist es darüber hinaus, wenn der Hufschmied über genügend Wissen und Erfahrungen auf dem Gebiet der Orthopädie verfügt. Aus einem kuhhessigen Paddeltier eine schreitende Diva machen – der gute Schmied hat es in der Hand,

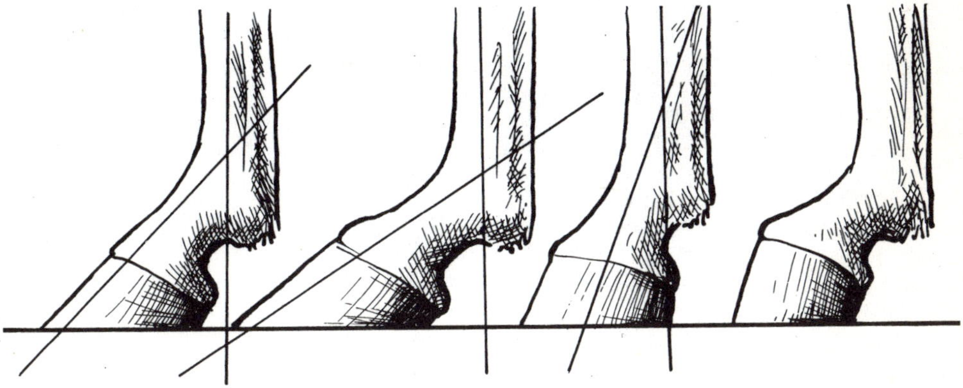

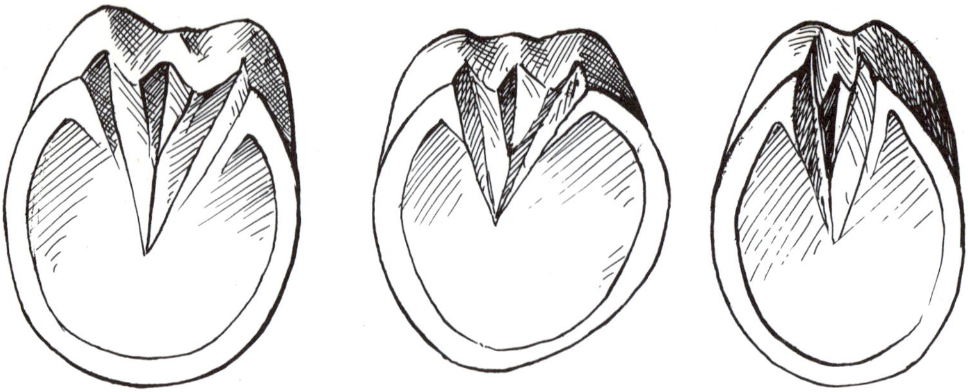

Hufformen
Links: Normaler, gut ausgebildeter Huf.
Mitte: Schiefer, asymmetrischer Huf. Folge: Ungleiche Abnutzung.
Rechts: Zwangshuf, meist sehr brüchiges Horn.

Fehlstellungen an den Extremitäten der Pferde zu korrigieren. Doch Wunder geschehen hierbei nicht von einem Tag zum anderen – wirksame Korrekturbeschläge sind eine Frage der Zeit und der Geduld.

Schließlich bügelt der Schmied in Zusammenarbeit mit dem Tierarzt auch die Sünden der Reiter aus. Rechtzeitig angebracht, kann orthopädischer Beschlag den Ausbruch der Sehnenerkrankung oder der Hufrollenentzündung möglicherweise noch abfangen. Er kann außerdem das Spätrisiko vermindern und Lahmheiten korrigieren.

Last but not least – auch der chronisch kranke Huf, wie zum Beispiel der Bockhuf nach überstandener

Folgendes Zubehör gehört zur Grundausstattung des Pferdes

Stallhalfter (circa 40 bis 80 Mark)
2 Anbindeseile mit Panikhaken (je cirka 10 bis 12 Mark)
Stalldecke (rund 130 bis 250 Mark)
Putzzeug mit Grundpflegemitteln (insgesamt rund 120 Mark)

Sattel (cirka 650 bis 2000 Mark)
2 Sattelunterlagen (je 50 bis 110 Mark)
1 Paar Bügelriemen (cirka 40 bis 85 Mark)
1 Paar Bügel (cirka 60 bis 180 Mark)
Sattelgurt (cirka 45 bis 160 Mark)

Trensenzaum (cirka 180 bis 400 Mark)
Mundstück (cirka 50 bis 80 Mark)
Zügel (cirka 80 bis 120 Mark)

2 Paar Elastikbandagen (je Paar rund 30 Mark)

Hufrehe, kann durch den versierten Schmied in seiner Funktionsfähigkeit erhalten bleiben.

Die Kosten pro Hufbeschlag, komplett mit vier neuen Eisen, variieren zwischen 100 und 120 Mark bei Standardbedienung. Für Ausschneiden und Wieder-Aufsetzen der »getragenen« Eisen, werden etwa 60 bis 80 Mark berechnet.

Für den orthopädischen Beschlag seines Pferdes muß der Besitzer entsprechend tiefer in die Tasche greifen.

Selbst wenn der Neu-Pferdebesitzer schon alles hat, was er zum Wohlgefühl und auch zur Sicherheit im Sattel braucht, von der sicherheits-genormten, sturzfesten Reitkappe bis hin zum atmungsaktiven Parka für den Sonntagsritt, so muß er jetzt noch das Pferd schick und zweckmäßig zugleich ausstaffieren. (Siehe Kasten Seite 44)

Pferdebeurteilung

Zeit zum »Hingucken«

Der zum Kauf entschlossene Pferdemensch muß »hingucken«, um das Pferd nach Maß, das speziell auf seine Absichten zugeschnitten scheint, zu finden. Sicher – es gibt Liebe auf den ersten Blick. Sie kann sich als erfreuliche Verbindung erweisen. Sie kann aber ebensogut gründlich in die Hosen gehen. Deshalb sollten dem ersten der zweite

»Einem geschenkten Gaul schaut man nicht ins Maul!«

Kopfformen
Von links oben nach rechts unten:
»Normaler«, edler Kopf;
Ramskopf;
»trockener« Hechtkopf;
Ramsnase;
Schweinskopf

und noch viele weitere Blicke folgen. Das kostet zwar Zeit, aber es lohnt sich. Außerdem macht's Spaß.

Pferdebeurteilung läßt sich lernen. Hier ein paar grundlegende Hinweise:

Ganaschenfreiheit
So wird sie gemessen: Die halbe Hand muß zwischen Hals und Backenknochen passen. Pferde mit genügender Ganaschenfreiheit lassen sich besser an den Zügel stellen.

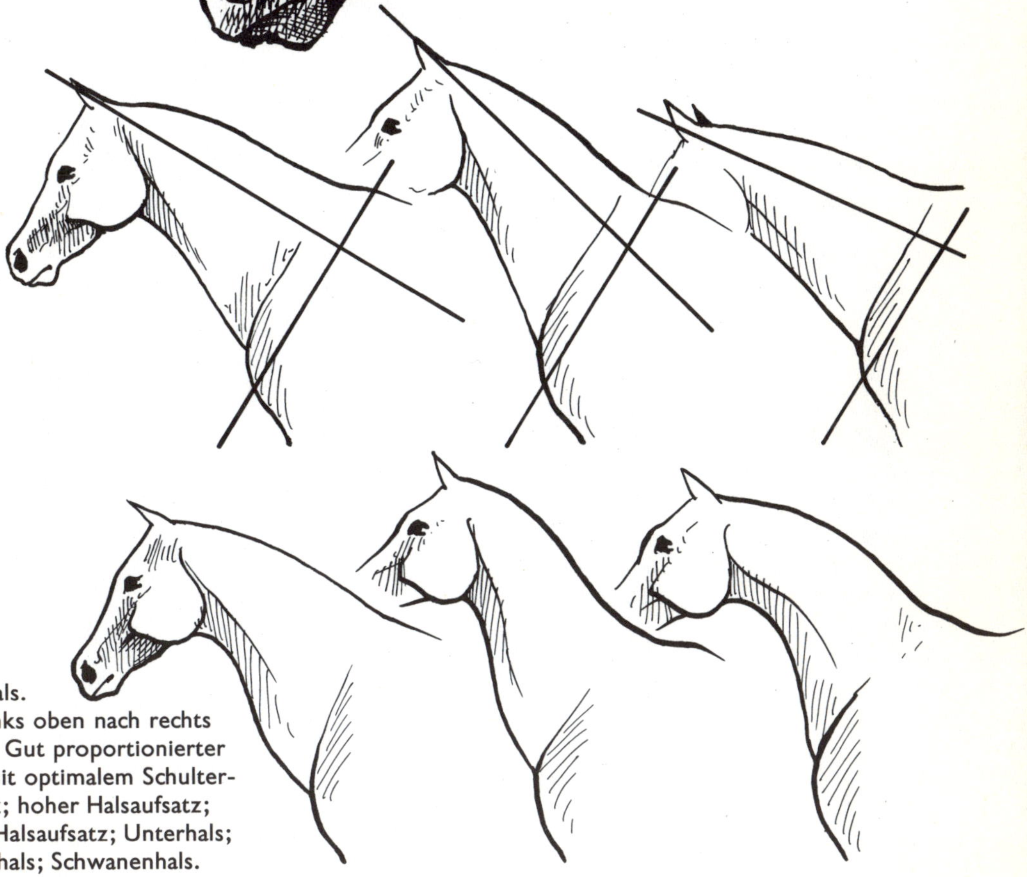

Der Hals.
Von links oben nach rechts unten: Gut proportionierter Hals mit optimalem Schulteraufsatz; hoher Halsaufsatz; tiefer Halsaufsatz; Unterhals; Hirschhals; Schwanenhals.

Widerrist
Hoher Widerrist = tiefer Rücken. Gefahr von Satteldruck; flacher Widerrist mit schlechter Sattellage.

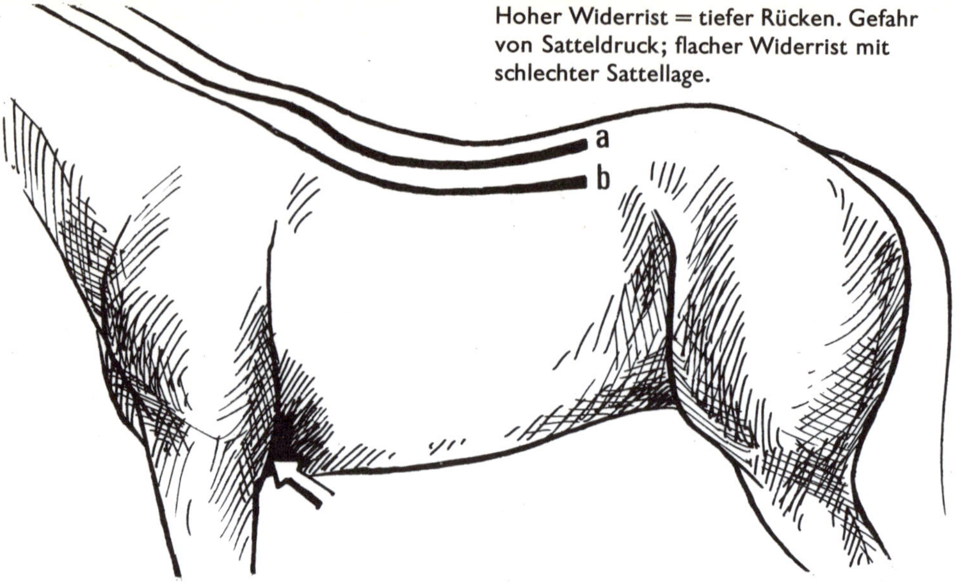

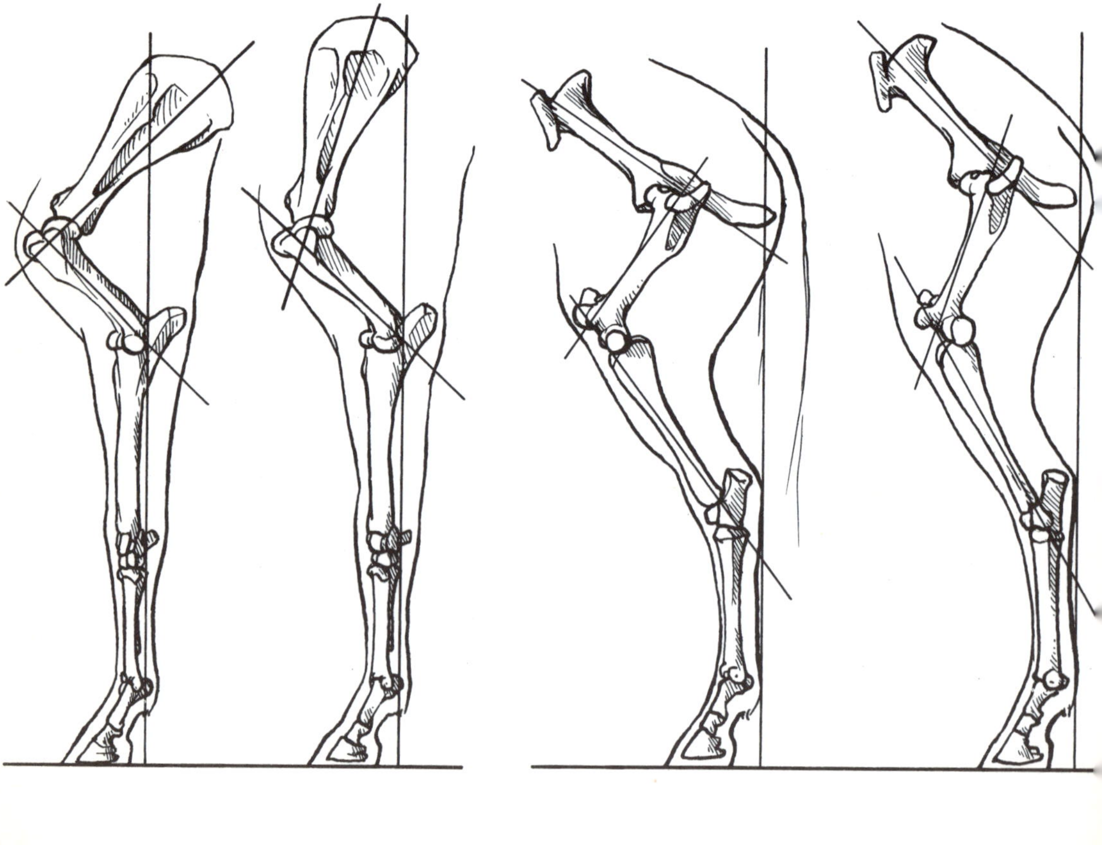

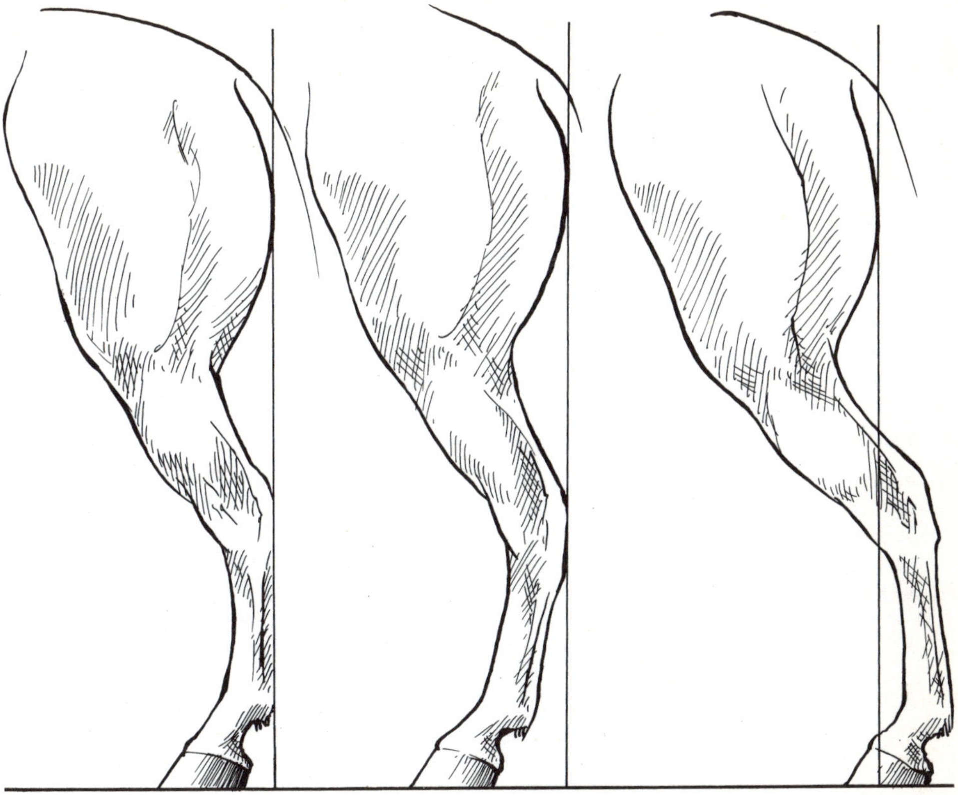

Stellung der Hinterhand
Links: Normale Stellung der Hinterhand.
Mitte: Sogenannte vorständige Stellung. Erhöhte Verschleißanfälligkeit durch stärkere Belastung der Sehnen.
Rechts: Rückständige Stellung. Unerwünscht vor allem beim Dressurpferd, da das Untertreten erschwert wird.

Linke Seite außen:
Knochenbau der Vorhand
Links: Lange, schräge Schulter mit gut gewinkeltem Oberarm, gute Proportionen.
Rechts: Kurze, steile Schulter. Der stumpfe Winkel (über 90 Grad) zwischen Schulter und Oberarm hat hohe Verschleißanfälligkeit zur Folge. Schwungvolle Gänge sind kaum zu erzielen.

Linke Seite innen:
Knochenbau der Hinterhand
Links: Gut gewinkelte Hinterhand.
Rechts: Zu steile, stumpf gewinkelte Hinterhand entwickelt wenig Schub.

Was man beim Pferdekauf beachten muß:

- Größen- und Gewichtsverhältnis Reiter/Pferd muß stimmen.
- Kopf und Gesicht sagen viel über das Temperament aus.
- Futter- und Pflegezustand sagen etwas über Haltung und Gesundheitszustand aus.

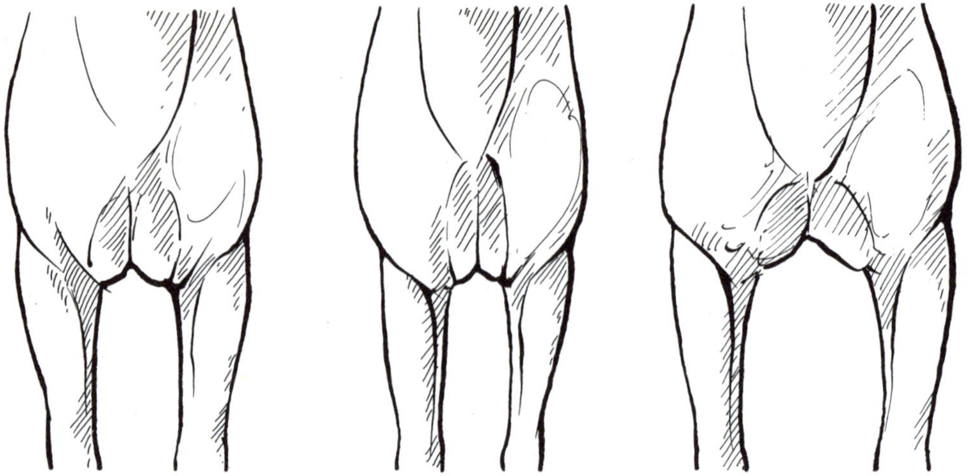

Die Brust
Links: Mittelbreite Brust, Rippen gut gewölbt. Mitte: Engbrüstig, wenig Raum für Herz und Lunge. Rechts: Extrem breite Brust. Neigung zum »Paddelgang«.

Der Schweifansatz/Kruppe
Links: Gut geformte Kruppe mit harmonischem Schweifansatz. Mitte: Schräge Kruppe, tiefer Schweifansatz, wenig dekorativ für Dressurpferde. Rechts: Gerade, brettartige Kruppe, hoher Schweifansatz.

Rechte Seite oben: Hannoveraner stellen die Hauptmasse der Reit- und Sportpferde. Ausgeglichenes Temperament und für jeden Zweig der Reiterei einsetzbar.
Rechte Seite unten: Araber, wohl die edelste Pferderasse überhaupt, intelligent, elegantes Reit- und Rennpferd. Wurde gelegentlich zur Veredelung mancher Warmblutrassen verwendet.

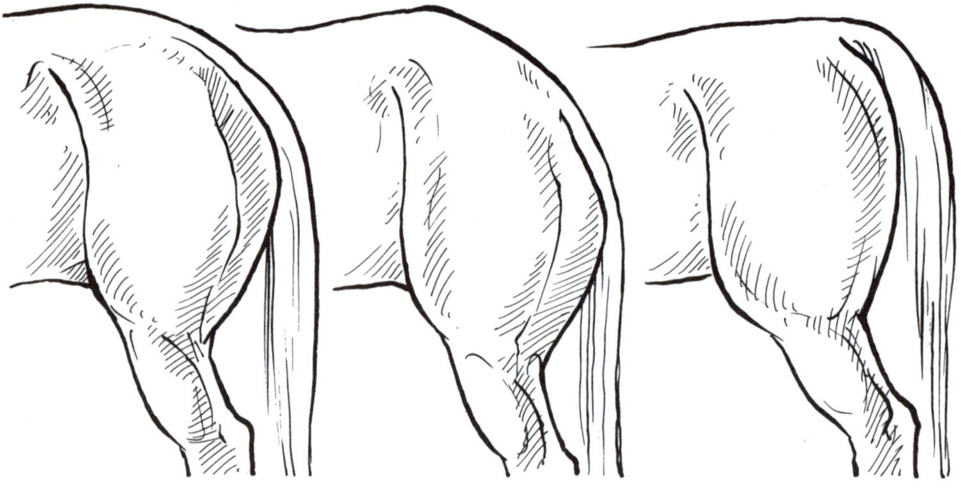

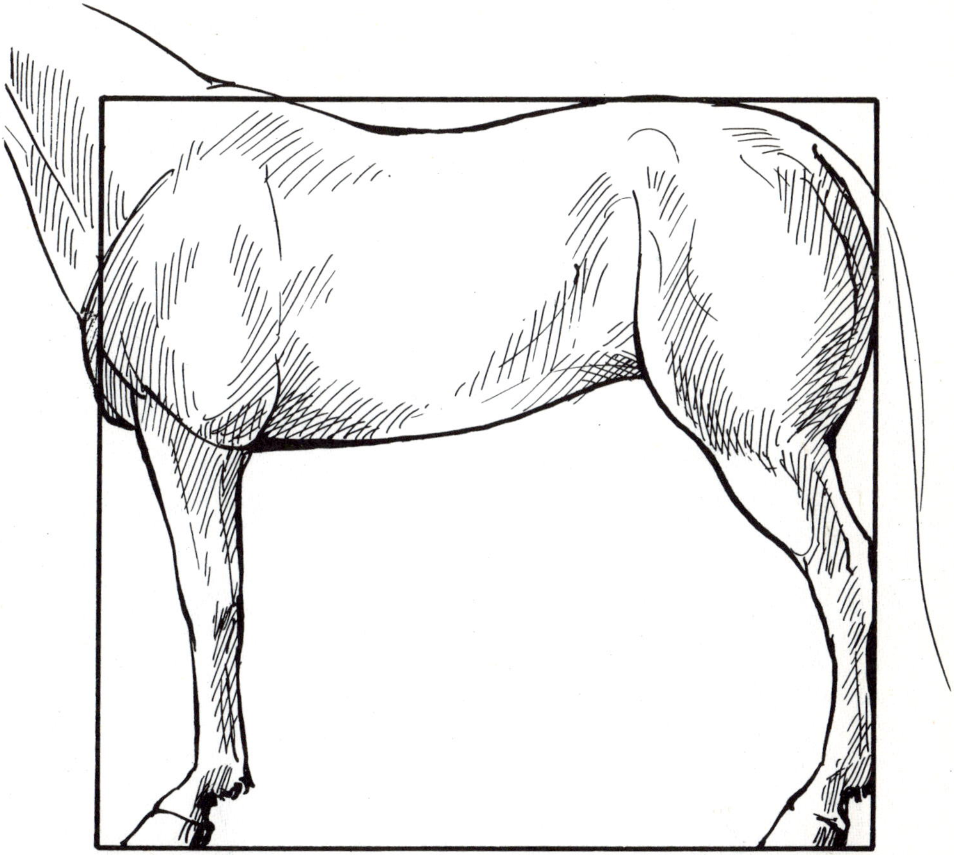

Normaler Körperbau = leichtes Rechteck, ausgewogene Proportionen.

Linke Seite: Mit dem eigenen Pferd durch das Gelände – was gibt es Schöneres!

Was man beim Pferdekauf beachten muß (Exterieur):

- Der Kopf sollte den Proportionen der übrigen Körperteile entsprechen.
- Ganaschenfreiheit: Ein Pferd mit breiten Ganaschen läßt sich gut an den Zügel stellen.
- Ein breiter und langer Widerrist bedeutet eine gute Sattellage.
- Eine breite und tiefe Brust ist bei Leistungspferden unerläßlich.

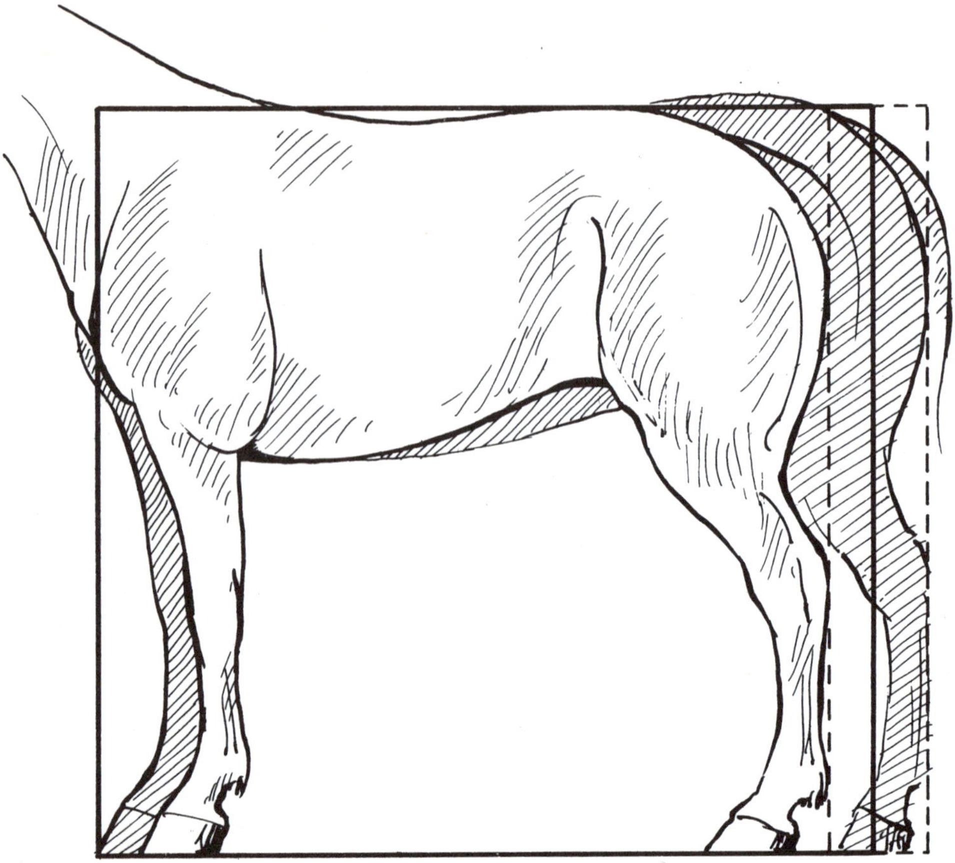

Gestrichelte Linie links: Quadratischer Körper, kurzer Rücken. Probleme beim Entwickeln raumgreifender Gänge. Gestrichelte Linie rechts: Rücken zu lang, Pferd ist »überbaut« d.h. die Kruppe ist höher als der Widerrist, Probleme beim Untertreten.

Was man beim Pferdekauf beachten muß:

- Bei Voranmeldung kann das Pferd »präpariert« sein. Berücksichtigen Sie beim Vorführen diese Möglichkeit.
- Beobachten Sie das Pferd beim Satteln und Trensen. Hier erfahren Sie schon viel über den Charakter des Pferdes.
- Berücksichtigen Sie am Anfang Stallsteifheiten und Übermut, bzw. werden Sie mißtrauisch, wenn dies nicht auftritt.
- Neben Temperament und Gängen ist es wichtig, wie das Pferd den Reiter sitzen läßt.
- Beim Pferdekauf muß es auch »klingeln«, aber zeigen Sie es ja nicht dem Verkäufer.

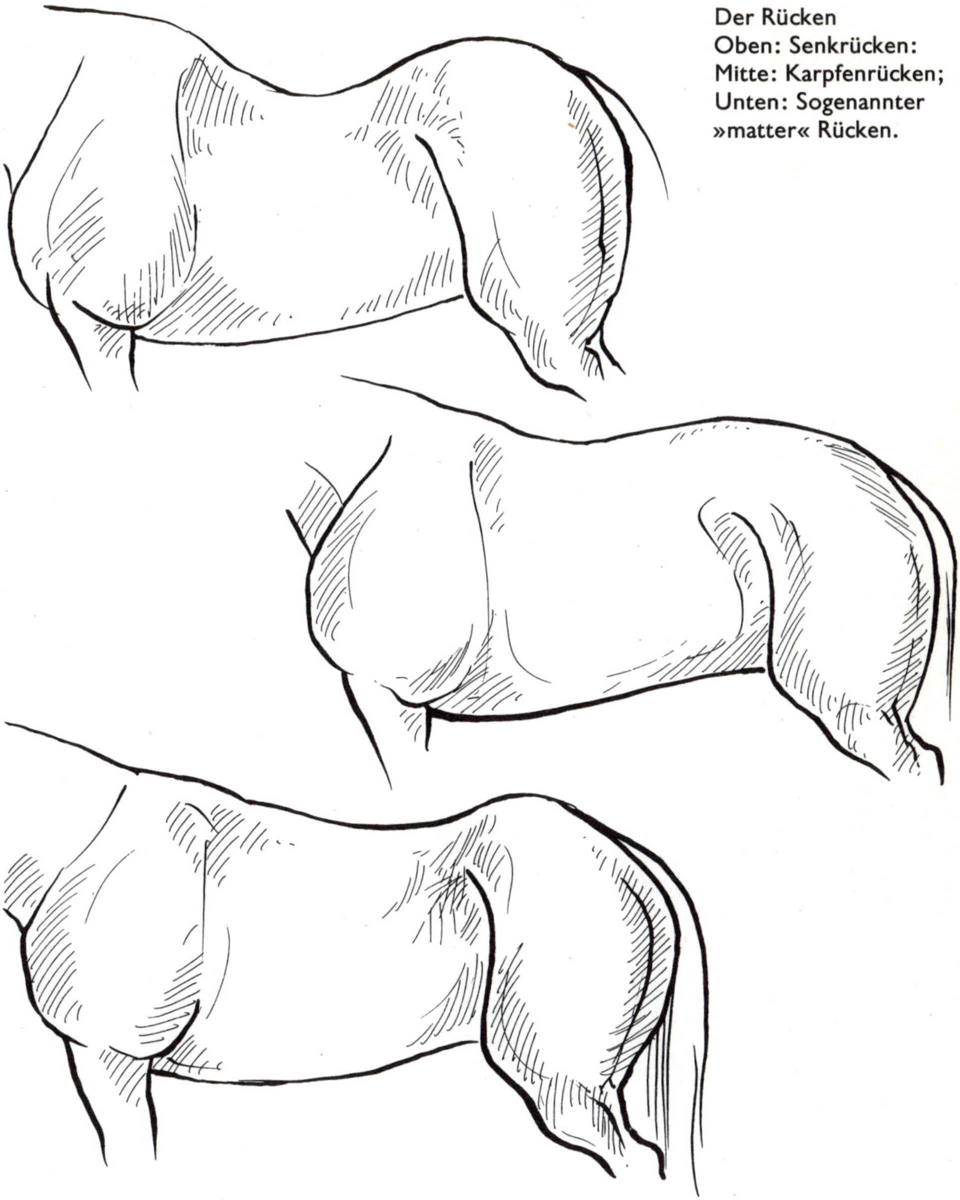

Der Rücken
Oben: Senkrücken:
Mitte: Karpfenrücken;
Unten: Sogenannter
»matter« Rücken.

Grund zum Zähnezeigen

»Einem geschenkten Gaul schaut man nicht ins Maul…«, besagt ein inzwischen auf viele Lebensbereiche übertragenes Sprichwort.

Schön und gut. Doch vom Pferd, das er kaufen will, sollte sich der

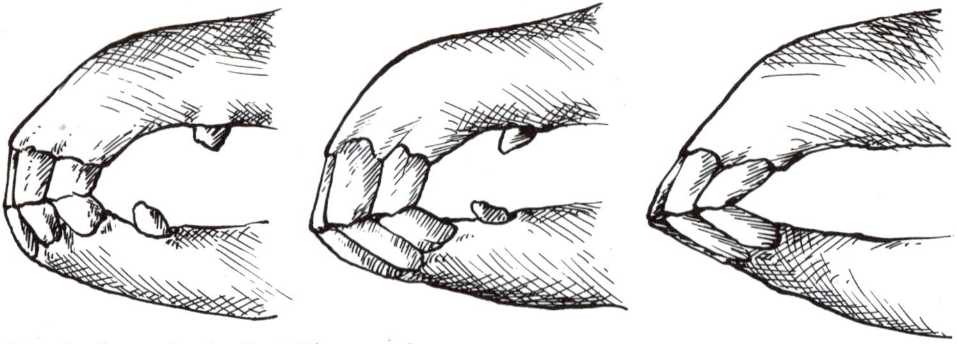

Gebiß-Winkelung
Das Pferdealter ist an der Gebiß-Winkelung ablesbar:
Links: Zangengebiß (bis acht Jahre);
Mitte: Halbes Winkelgebiß (neun bis fünfzehn Jahre);
Rechts: Winkelgebiß (über 15 Jahre)

Kunde denn doch die Zähne ordentlich zeigen lassen. Keine Bange – der Proband öffnet das Maul garantiert, sofern der kritische Kunde dem Pferd nur mutig in die Gaumenwinkel greift …

Es gibt untrügliche »Richtwerte« für die Altersbestimmung per Pferdegebiß.

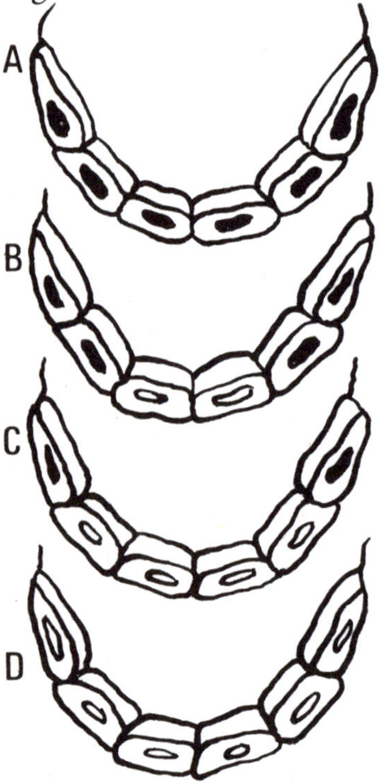

Pferdealter
Die Abnutzung der Kunden (Vertiefung in der Mitte der Kaufläche der Schneidezähne) läßt auf das Alter des Pferdes schließen.
A= ca. fünf Jahre alt (alle Kunden vorhanden)
B= ca. sechs Jahre alt (Zangen des Unterkiefers ohne Kunden).
C= ca. sieben Jahre alt (Zangen und Mittelzähne des Unterkiefers ohne Kunden).
D= ca. acht Jahre alt (alle Schneidezähne des Unterkiefers ohne Kunden).

In den Schneidezähnen des Oberkiefers wiederholt sich der gleiche Ablauf der Abnutzung etwa zwischen dem neunten und elften Lebensjahr.

DER PFERDEKAUF

Wer Frau'n und Pferde suchet
ohne Mängel,
hat nie ein gutes Pferd im Stall,
im Bett nie einen Engel.
(Pferdeleute-Erkenntnis aus der Zeit
um die Jahrhundertwende)

Wo findet der Einkauf statt?

Die Checkliste der Vorbereitungen ist abgeschlossen – jetzt geht es an die Realisierung des Traumes vom eigenen Pferd. Das Einkaufsabenteuer beginnt. Im Mittelpunkt steht kein kaltes vorfabriziertes Produkt, sondern ein herrliches, lebensfrohes Geschöpf aus Fleisch und Blut, dem das Röntgengerät zwar inzwischen in den Leib und auf die Gelenke gucken kann, gottlob jedoch noch lange nicht in die Seele. Den Handelspartnern ebensowenig.

Es sind Menschen, die miteinander handeln, jeder auf den eigenen Vorteil bedacht, geschult durch die knallharten Gesetze und Anforderungen des Wirtschaftslebens, selbstbewußt, clever. Doch perfekt ist niemand. Deshalb ist Vertrauen gut, Kontrolle besser.

Licht ins Dunkel versucht ein ausgeklügeltes, durch Erfahrungen gereiftes Netz von Paragraphen und Verordnungen zu bringen. Seine Aufgabe ist es, die Vertragspartner zu schützen oder zu stützen. Aber es beschert den Juristen, die sich längst auf Streitigkeiten im Pferdestall spezialisiert haben, ein gutes Hafergeld. Der Arbeitsanfall hat steigende Tendenz. Doch eines steht fest – zu keiner Zeit waren die Partner im Pferdehandel besser oder schlechter. Tricks gab und gibt es. Sie waren und sind jedoch nur selten zwingendes Element des guten Pferdehandels. Vielmehr geht alles viel nüchterner und geradliniger vonstatten, als die Volksmeinung sich träumen läßt.

Das »Pferd nach Maß« kann im Züchter- oder im Händlerstall gesucht und gefunden werden. Vielleicht auch auf einem der zahlreichen Pferdemärkte, als »Gelegenheit« am Rande der Turnierplätze oder via Anzeige in der Fachpresse. Oder auch bei einer der zahlreichen Elite-Auktionen, die von den einzelnen Zuchtverbänden im Frühjahr und im Herbst abgehalten werden, beschickt von den Verbandsmitgliedern. Vereinzelt mischen auch schon private

Auktionsveranstalter mit im großen, bunten Wettbewerb um Käufergunst und Pferdeliebe.

Während im Züchter- oder Händlerstall meist das Gespräch der Partner ausschlaggebend ist für den Preis (bei welchem der Anbieter allerdings ganz konkrete Vorstellungen hat), ist sein Zustandekommen bei der Auktion vom Zufall, von der Gunst der Stunde, vom Umfeld überhaupt abhängig. Sehr teuer kann das Pferd zum Beispiel werden, wenn sich zwei Bieter an einem Pferd »festgebissen« haben. Im Bieterduell, das schließlich in aller Öffentlichkeit vor sich geht, will meist keiner den Kürzeren ziehen. Aufpassen heißt es außerdem,

Feuervogel muß ins Pferdegymnasium

Beim Probereiten vor der Auktion ging doch alles noch ganz gut. Feuervogel, der elegante Goldfuchs mit dem Super-Pedigree, wehrte sich zwar hin und wieder heftig gegen den Zügel (ist ja ganz klar, man muß sich doch erst aneinander gewöhnen...), und aus dem versuchten Mitteltrab wäre eben doch beinahe eine wüste Galoppade geworden (wenn Feuervogels Bereiter aus dem Auktionsteam nicht in der Bahnmitte gestanden und seinen beruhigenden Einfluß auf den Übermütigen geltend gemacht hätte)...

Wer wagt, gewinnt – bei 38000 krachte der Hammer. Ein tolles Gefühl, den schicken Feuervogel ans Halfter genommen und in den mitgebrachten Doppeltransporter bugsiert zu haben. Die im Verein werden Bauklötze staunen...!

Doch keine drei Wochen sind vergangen, und aus der anfänglichen Liebesgeschichte ist ein Kampf geworden. Auch der Reitlehrer des Hauses kapituliert. Feuervogel sei eben doch als arg frisiertes Roß in den Auktionsring gekommen.

Da kann jetzt nur noch die Suche nach einem Pferde-Gymnasium, dem Ausbildungsstall, helfen. Ausbildungsställe gibt es derzeit in ausreichender Zahl, ihre Qualität reicht von »echt super« bis »Seifenschaum«. Die Kosten für Unterbringung plus Beritt variieren zwischen 1000 und 2000 Mark monatlich, je nach Prominenz des Ausbilders sowie des für Feuervogel angestrebten »Klassenzieles«.

Feuervogels Besitzer darf jetzt keine Fehlentscheidung treffen. Zeit ist zwar wirklich Geld im konkreten Falle, doch das eilig und fristgemäß zusammengeknallte Pferd macht sich im Endeffekt nicht bezahlt. Auch sind Wunder im Pferdestall genauso selten: Mancher Edelstein, der unter dem Sattel des Experten mehr oder minder lange geschliffen wurde, verliert im Laufe der Zeit wieder an Glanz und Feuer, wenn sich dann der Durchschnittsreiter daheim erneut in den Sattel schwingt.

wenn Freunde einander gewisse Kavaliersdienste leisten und durch falsche Gebote den Preis in die Höhe schaukeln, um so arglose Kundschaft zu täuschen und zum tiefen Griff ins Portemonnaie zu bringen.

In der Regel kommen nur die Musterkinder der betreffenden Region unter den Hammer, denn schließlich ist die Auktion das Aushängeschild des veranstaltenden Zuchtverbandes. Meist machen junge, drei- bis vierjährige Pferde, die bereits gut angeritten und vorbereitet worden sind, das Angebot aus. Die Ausbildungszeit vor der Auktion dauert mindestens zwei Monate, im Sattel sitzen erfahrene Reiter des Auktionsteams, die sich hervorragend im Umgang mit jungen Pferden auskennen.

Die Kosten gehen zu Lasten des Verkäufers, der für das gut vorgestellte Pferd (berechtigterweise) mit dem entsprechenden Gegenwert liebäugelt. In jedem Fall gibt der Verkäufer dem Auktionator den sogenannten Reservepreis an. Das ist der Preis, den die kommenden Gebote mindestens erreichen müssen.

So erhebend das Gefühl auch sein mag, die gelbe Tafel zu strecken und aktiv mitzumischen beim Wettlauf der Gebote – die Teilnahme ist nichts für Neulinge, die weder die Szene noch die Gepflogenheiten kennen. Ohnehin ist ein, meist junges, Auktionspferd nicht unbedingt das geeignete »Einstiegspferd« für den Durchschnittsreiter. Ihm ist mit einem älteren, erfahreneren Pferd oft weitaus besser gedient.

Doch auch für den routinierten Kunden muß mit dem Hammerschlag das letzte Wort noch nicht gesprochen sein.

Das größte Glück der Pferde
ist der Reiter auf der Erde.
(Tagebucheintrag von Carl Zuckmayer für Irmgard v. Opel, First Lady des nationalen wie internationalen Springsports zwischen den beiden Weltkriegen)

Gelegenheiten

Die Anzeigenseiten der Fachpresse sind vollbedruckt. Pferde für jeden Könnergrad und nahezu für jeden Geldbeutel sind im Angebot.

Neben sachlich formulierten Züchter- und Händleranzeigen finden sich vor allem solche mit privatem Touch. Glaubt man diesen Texten rückhaltlos, so sind es in der Mehrzahl wahre Wunderbringer, von denen sich die Besitzer, ungern zwar, aber »best. Umst. hb.« zu trennen gedenken.

Der Leser soll natürlich nicht hinter jedem Satz einen cleveren Trick oder Pulvermanns Grab vermuten, doch Vorsicht kann nicht schaden. Allzu kopfstark ist die Schar der Schönen, Treuen, Tadellosen, Edlen, die leistungsfroh und lammfromm sind, von Kindern und Greisen am kleinen Finger zu lenken, die den Schmied nicht fürchten und darüber hinaus, knapp sechs Jahre jung, schon eine Latte von Turniererfolgen aufzuweisen haben. Es sind zu viele, wie gesagt, als daß wirklich alles stimmen könnte.

Trotzdem sollte den Textdichtern die rosarote Brille der Liebe nicht streitig gemacht werden. Fragt sich bloß, warum sie das vierbeinige Musterkind dann hergeben wollen. Noch dazu zu einem »sagenhaft günstigen« Preis.

Im Zweifel hilft nur eins – hinfahren, das Umfeld sorgfältig studieren, die Leute und das Pferd kennenlernen, probereiten. Es gibt durchaus Situationen, die zur Trennung vom Pferd zwingen können. Das ist im offenen Gespräch leicht herauszufinden. Fein heraus ist grundsätzlich, wer eine fach- und sachkundige Person des Vertrauens mit auf die Ent-

Probereiten

Manchmal Hilfe – manchmal Hürde:

Die Rolle des Reitlehrers beim Pferdekauf

Er kennt den Leistungsstand seiner Schüler am besten, weiß deshalb ganz genau, welches Pferd zu wem am besten paßt. Der Reitlehrer kann so wichtige Entscheidungshilfen beim Pferdekauf geben. Außerdem kann er sich als Vermittler verdient machen, denn der Beruf bringt es mit sich, daß der Pferdemensch auch viele Anbieter kennt.

Ein Vertrauensverhältnis im Dreieck, zwischen Kunde, Lehrer und Händler. Es setzt eine Menge menschlicher Tugenden voraus, wenn es reibungslos funktionieren soll. Wehe, wenn sich Händler und Pädagoge zusammentun, um dem unerfahrenen und arglosen Interessenten irgendein »hängengebliebenes« Roß anzudrehen.

Geht alles rechtens und redlich vonstatten, übt der Reitlehrer seinen Einfluß auf den potentiellen Pferdekäufer nach bestem Wissen und Gewissen aus. Es ist dann nichts dagegen einzuwenden, wenn der Mann (die Frau) Vermittlerprovision für geleistete Dienste in Anspruch nimmt.

Provision: Vom Händler oder vom Kunden? Das ist die Frage. Ein offenes Wort zwischen Käufer und Verkäufer ist angezeigt, damit nicht möglicherweise zweigleisig gefahren wird und der im Endeffekt zustandegekommene Preis über Gebühr in die Höhe klettert.

Je nach Höhe des Kaufpreises sind fünf bis zehn Prozent Vermittlungsprovision angemessen. Wer nicht aufpaßt, zahlt unter Umständen doppelt.

Die anfallenden Reisekosten sollte der Kunde in voller Höhe übernehmen, wenn er ausdrücklich um die Begleitung des Experten in entfernte Ställe gebeten hat.

Doch schlimm kann es wiederum werden, wenn der im Heimatstall wirkende Reitpädagoge »Pferdevermittlung aus Prinzip« betreibt, um sich damit ein regelmäßiges, meist gut gebuttertes Zubrot zu verdienen.

Dann kann der »freihändige« Pferdeeinkäufer, der das Pferd seiner Wahl nach eigenem Gutdünken selbständig und in eigener Verantwortung einkaufte, in arge Bedrängnis geraten. Er muß, unter Umständen, mit Repressalien oder zumindest mit kleinen Schikanen rechnen.

Das geht vom »Übersehenwerden« beim Abteilungsreiten bis hin zum Ausbruch offener Feindseligkeiten, weil das Pferd des Ketzers aus Versehen einen Stalleimer in Klumpen getreten hat.

Will sich der Pferdebesitzer die schönsten Stunden des Tages nicht dauervermiesen lassen, gibt es nur eine Alternative. Entweder ein energisches Wort oder die Suche nach einem anderen, möglichst sympathischeren Stall.

deckungsreise nehmen kann. Vier Augen sehen mehr als zwei, für die Ohren gilt dasselbe.

Sind Freunde oder gute Bekannte die Anbieter, kennt der Käufer die Gründe, weshalb das Pferd abgegeben werden soll. Trotzdem sollte man nicht auf das Probereiten verzichten. Glaubt der Käufer in spè auch alles, was ihm die Noch-Pferdebesitzer erzählen, so ist es nämlich überhaupt nicht gesagt, daß er mit dem betreffenden Pferd auch gut zurechtkommt.

Immer öfter gibt es auch »geschenkte« Pferde. Ältere oder gesundheitlich leicht angeschlagene Pferde (meist solche mit angegriffenen Bronchien), die an Vertrauenspersonen gegeben werden, weil ihre Besitzer die Hoffnung damit verbinden, daß dem Pferd noch ein paar schöne Jahre bei mäßiger Beanspruchung in möglichst ländlicher Umgebung zuteil werden.

Das Ganze ist mit Vorsicht zu genießen. Außer der guten Absicht spielt auch die Anlehnung ans Prinzip des Schwarzen Peters eine gewisse Rolle.

Erwirbt der Käufer – wissentlich! – ein ausgereiztes Turnierpferd zu einem Kulanzpreis, der in keinem Verhältnis zur Abstammung und zum Können des Pferdes steht, hat er sich aus Gründen der Fairneß strikt an die Abmachungen zu halten, die ihm der Veräußerer mit größter Wahrscheinlichkeit vorschlagen wird. So soll er zum Beispiel das Pferd nicht überlasten und keinen Leistungssport betreiben. Oft ist auch die Bedingung an den Gelegenheitskauf geknüpft, das Pferd in keinem Fall mehr weiterzuverkaufen.

Beim Besitzerwechsel kommt es ganz darauf an, in welcher nervlichen und physischen Verfassung sich der einstige Schleifensammler befindet. In zahlreichen Fällen hatten überzeugte Freizeitreiter noch jahrelang viel Freude am alten »Alleskönner«.

Der Kaufvertrag

Die Zeiten sind vorbei, da das bloße Einverständnis der Partner und der abschließende Handschlag genügten, den Roßhandel zustande kommen zu lassen. Heute bringt ein Kaufvertrag alle Bedingungen und Regelungen, alle Pflichten und Rechte beider Parteien auf einen Nenner.

Hier das Muster eines solches Vertrages, der jedoch, frei nach den individuellen Wünschen oder Einschränkungen der Partner, entsprechend ergänzt oder erweitert werden kann:

Pferde-Kaufvertrag

Der/die (Name, Anschrift) ....

.... – im folgenden Verkäufer genannt –

und der/die (Name, Anschrift) ....

.... – im folgenden Käufer genannt –

schließen den folgenden Kaufvertrag:

§ 1 Kaufgegenstand
Der Verkäufer verkauft dem Käufer das Pferd (Name, Geschlecht, Abstammung, Alter, Farbe, Abzeichen)

....

....

zum Preis von DM .... (zuzüglich ... % MWSt.) in Worten Deutsche Mark ....

....

§ 2 Kaufpreis
Der Kaufpreis ist bis zum .... an den Verkäufer in bar zu zahlen oder bis zu diesem Tage
auf das Konto Nr. .... bei (Name des Geldinstituts) .... BLZ .... zu überweisen. Ansprüche irgendwelcher Art rechtfertigen grundsätzlich nicht die Einbehaltung des Kaufpreises oder eines Teiles davon. Etwas anderes gilt nur, wenn die vom Käufer geltend gemachte Gegenforderung unbestritten oder rechtskräftig festgestellt ist.

§ 3 Eigentumsübergang
Die Übertragung des Eigentums und die Aushändigung der zu dem oben beschriebenen Pferd gehörenden Abstammungsnachweise erfolgen erst nach vollständiger Bezahlung des Kaufpreises (und der Mehrwertsteuer).

§ 4 Mängelhaftung
Das Pferd wird verkauft wie besichtigt und probegeritten. Für Hauptmängel haftet der Verkäufer nach den bürgerlich-rechtlichen Bestimmungen über die Haftung für Gewährsmängel. Eine weitere Haftung oder Gewährleistung übernimmt er nicht, soweit nicht nachfolgend besondere Zusicherungen erfolgen.

§ 5 Gefahrübergang
Kosten und Gefahr gehen auf den Käufer über, sobald der Verkäufer das Pferd der zur Ausführung des Transports bestimmten Person übergeben hat.

§ 6 Vertragsänderungen
Nachträgliche Änderungen und Ergänzungen dieses Vertrages müssen schriftlich erfolgen.
Außer den in diesem Vertrag schriftlich festgelegten Vereinbarungen sind keine weiteren Vereinbarungen getroffen oder Zusicherungen oder Erklärungen irgendwelcher Art abgegeben worden.

§ 7 Bestandsklausel
Sollte eine Vereinbarung dieses Vertrages unwirksam sein, wird der Vertrag nicht seinem gesamten Inhalt nach unwirksam.

Ort: .... Datum: .... 19 ....

....
Unterschrift (Verkäufer)

....
Unterschrift (Käufer)

Sonstige Vereinbarungen:

Wer aber Vertragstexte haßt, darf trotzdem aufatmen. Auch die mündliche Einigung zwischen Käufer und Verkäufer kann rechtsgültig sein. Üblich oder ratsam ist sie jedoch keineswegs. Zu viele Stolpersteine liegen im Weg – für beide Teile. Erst recht wird die Beweisführung schwer, wenn nicht gar unmöglich, falls es in der Folge einmal zu irgendwelchen rechtlichen Auseinandersetzungen kommen sollte.

Papiere – in Rot oder in Weiß

Zur Erfüllung des Pferde-Kaufvertrages gehört die Aushändigung vom Abstammungsnachweis des Pferdes (der »Papiere«), sobald der Kaufpreis entrichtet worden ist. Um sich vor späteren Überraschungen zu schützen, sollte der Käufer im eigenen Interesse noch vor der Unterschriftsleistung zumindest Einblick in die Dokumente verlangen.

Sie geben genaue Auskunft über die Abstammung des Pferdes, den Züchter und, gegebenenfalls, über die Vorbesitzer. Sie sind schließlich unerläßlich für den Pferdekäufer mit Turnierambitionen, denn falls das Pferd in die Turnierpferde-Listen der Deutschen Reiterlichen Vereinigung eingetragen werden soll, wird die Vorlage der bewußten »Papiere« verlangt.

Die Abstammungsnachweise unterscheiden sich hinsichtlich ihrer Qualität und ihrer Aussagekraft: Es gibt »rote« und es gibt »weiße« Papiere, so benannt, schlicht und einfach, nach der Papierfarbe.

Den roten Abstammungsnachweis erhält ein Pferd, wenn beide Elternteile offiziell zur Zucht zugelassen und in die Zuchtbücher der Landesverbände eingetragen sind. Die Abstammung der Pferdeeltern muß wiederum bis mindestens in die vierte Generation nachweisbar sein.

Beim weißen Papier haftet dem Pferd bereits ein kleiner Makel an. Nur ein Elternteil, meistens ist es die Mutterstute, ist als Zuchtpferd mit nachweisbarer Herkunft offiziell abgesegnet. Vor allem Fohlen, die von ungekörten Hengsten stammen, müssen »weiß« durchs Pferdeleben galoppieren. Das hat vor allem die Konsequenz, daß die spätere Eintragung in besagte FN-Turnierlisten im Prinzip zwar möglich, aber wesentlich kostspieliger ist.

Alle Abstammungsnachweise enthalten außerdem genaue Angaben über Geschlecht, Alter, Farbe und Abzeichen des Pferdes. Auch sollte jeder Besitzerwechsel ordnungsgemäß vermerkt sein. Deshalb sei es dringend angeraten, sämtliche Angaben auf ihre Übereinstimmung mit der Realität zu überprüfen. Denn es hat sich gezeigt, daß hin und wieder Pferde mit gefälschtem Identitätsnachweis »über den Ladentisch« rutschen. Das kann dann bei allen rechtlichen Auseinandersetzungen unter Umständen sehr unangenehm für den arglosen Neubesitzer werden.

Gründe, Pferdepapiere zu fälschen, gibt es jede Menge: Die Skala reicht von Weidediebstahl bis Versicherungsschwindel.

Der fehlende Abstammungsnachweis drückt in jedem Fall den Preis. Nur zu oft bekommt dann der Kunde zu hören, daß die Papiere rein zufällig verlorengegangen seien, daß man dieselben jedoch baldigst nachreichen werde. Gibt sich der unerfahrene Kunde damit zufrieden,

Der Abstammungsnachweis… schützt vor unliebsamen Überraschungen nicht!

kann er in der Regel warten bis zum Sankt-Nimmerleins-Tag.

Hat das Pferd einen Brand, womöglich noch den eines deutschen Zuchtverbandes, und ist dennoch »beim besten Willen« kein Abstammungsnachweis aufzutreiben, ist doppelte Vorsicht geboten. Meist bestehen ungeklärte Eigentumsverhältnisse, die dem gutgläubigen Neuerwerber möglicherweise einmal beachtliche Schwierigkeiten bereiten können. Es kann sich bei dem betreffenden Pferd zum Beispiel um ein bedauernswertes, abgetakeltes Turnierpferd handeln, das bereits wegen erwiesener Unbrauchbarkeit von der Versicherung entschädigt, vom Eigentümer rückgekauft, befristet »gesundgespritzt« und – verbotenerweise – dennoch wieder wohlfeil geworden ist. Eine Verkaufstaktik, die immer häufiger beobachtet wird. Nicht von der Hand zu weisen ist außerdem, daß das Pferd mit fehlendem Abstammungsnachweis aus einem Weidediebstahl stammt. Geklaut wird häufig, und der Ausdruck, der »Kerl ist ein Typ zum Pferdestehlen« ist längst kein Kompliment

Pferdeeltern

Hengste gibt es, da genügt schon allein der Name, um Kinder und Kindeskinder unbesehen um ein paar Tausender teurer zu machen. Es sind Pferdeväter, deren Nachkommen sich im großen Sport bewährt haben. Nachzulesen in den FN-Jahrbüchern, die von der Deutschen Reiterlichen Vereinigung regelmäßig herausgebracht werden. Pünktlich landet das von Jahr zu Jahr »gewichtiger« werdende Zahlenwerk bei den Pferdeleuten der Nation unter dem Weihnachtsbaum. Verheißung für den einen, Verdammnis für den anderen.

Was den Hannoveranern ihr Gotthard ist den Holsteinern ihr Landgraf, kommen die Oldenburger mit Furioso II hinzu, obwohl der Hengst eigentlich von Geburt und Abstammung her Franzose war, und die Westfalen mit Paradox oder Ramzes. Alle sind Pferdeväter von legendärem Ruf, auf deren Namen – und stehe dieser noch so weit »hinten« im Pedigree – die Kundschaft auf immer und ewig bauen wird. Nicht nur die mit großen Turnierambitionen übrigens. Auch den anonymen Sportler aus dem »Reit- und Fahrverein Grüne Wiese« ehrt ein Duellant-Kind unterm Freizeitsattel.

Natürlich ist die ganz große Abstammung des Pferdes noch lange kein Garantieschein für entsprechenden Glanz am Zügel, denn der muß gründlich und geduldig erarbeitet werden. Ein Trost für die Pferde: Auch das klügste menschliche Elternpaar bietet noch lange nicht die Gewähr dafür, daß aus den Kindern potentielle Nobelpreisträger werden.

Ehrfurcht vor den Vätern – und ins Hintertreffen geraten seit Jahr und Tag die Pferdemütter. Die Namen großer und bedeutender Stutenfamilien sind meist nur Insidern ein Begriff. Gerade die Mütter sind es aber, die Härte, Charakter, Leichtfutterigkeit und Langlebigkeit weitervererben. Solange freilich, beim letztgenannten Punkt vor allem, der Mensch nicht dazwischenfunkt.

mehr. Vorschub leistet die gutgemeinte Absicht, Pferde artgerecht rund um die Uhr im Offenstall zu halten.

Geht dagegen der Abstammungsnachweis wirklich einmal verloren, kann zumindest die Identität des betreffenden Pferdes durch die Beschaffung des Deckregisterauszugs des zuständigen Landesverbandes eindeutig nachgewiesen werden.

Eines steht jedoch fest – auch unter den Pferden ohne offiziellen Abstammungsnachweis, vor allem sofern sie aus dem Ausland importiert wurden, können sich sehr gute, gesunde und leistungsstarke Pferde befinden. Schon mancher Kunde hat seinen besten Kameraden unter der Zielgruppe »Papierlos« gefunden. Auch die Parole mancher Sonnenkinder entbehrt nicht einer gewissen Logik: »Auf einem Stück Papier kann ich nicht reiten – wohl aber auf einem Pferd«, heißt es folgerichtig.

Ein derart unorthodoxes Käuferverhalten setzt jedoch voraus, daß der Erwerber des papierlosen Pferdes seiner Sache als Reiter, rein um des sportlichen Vergnügens willen, hundertprozentig sicher ist. Der Weiterverkauf des betreffenden Pferdes dürfte dann allerdings schwer werden. Es sei denn, es findet sich ein ähnlicher Ignorant wirtschaftlicher und auch amtlicher Gepflogenheiten.

Trotzdem eine Warnung an dieser Stelle an alle Pseudo-Züchter. Selbst wenn die zur Zucht ins Auge gefaßten Pferdeeltern noch »soo schick und lieb« sein sollten, aber nicht in die Zuchtbücher eines Verbandes eingetragen sind, muß die Vernunft walten. Denn im Endeffekt zahlt das Kind aus der »wilden Ehe« die Zeche. Es trägt sein ganzes Pferdeleben lang das Stigma des Außenseiters.

Gewährsmängel seit Kaisers Zeiten

Schon zu Kaiser Wilhelms Zeiten standen sechs sogenannte Hauptmängel des Pferdes auf der Schwarzen Liste. Krankheiten oder Verhaltensauffälligkeiten, für die der Verkäufer auch heute noch zu haften hat, treten sie innerhalb von 14 Tagen nach dem Besitzwechsel auf. Die unverändert geltende Verordnung aus dem Jahr 1899 listet folgende Hauptmängel auf: Dämpfigkeit, Dummkoller, Kehlkopfpfeifen, Koppen (Luftschlucken), Rotz und die Periodische Augenentzündung (Mondblindheit).

14 Tage haftet der Verkäufer, vorausgesetzt der neue Besitzer meldet den Mangel rechtzeitig und macht so die entsprechenden Rechtsansprüche geltend. Bis spätestens zwei Tage nach Ablauf der vierzehntägigen Gewährsfrist muß der Verkäufer informiert worden sein. Doch damit nicht genug – alle Ansprüche gegen den Verkäufer verjähren sechs Wochen nach Ablauf der Gewährsfrist generell. Wer zögert, ist also unter Umständen der Dumme.

Zweierlei Ansprüche hat der Kunde. Er kann entweder den Kaufvertrag rückgängig machen oder eine

Minderung des Kaufpreises verlangen.

Tritt der so geschädigte Erwerber berechtigt vom Vertrag zurück, muß der Verkäufer das Pferd im Stall des Käufers wieder abholen. Darüber hinaus sind dem Käufer auch alle bisher gemachten Aufwendungen, wie zum Beispiel der Transport vom Händlerstall ins neue Domizil, Pflege, Fütterung oder Tierarzt, zu ersetzen. Der Kaufpreis, einschließlich der Zinsen und auch der Kosten für die Vertragsabwicklung, ist dem Käufer zurückzuerstatten.

Gibt sich der Käufer dagegen mit einer Minderung des Kaufpreises zufrieden, ist dieser Preisabschlag ausschließlich Verhandlungssache.

Es bestehen geteilte Meinungen über die Frage der Begrenzung der gesetzlichen Gewährleistung auf die herkömmlichen sechs Hauptmängel. Schon auch deswegen, weil ein Teil dieser Hauptmängel nur noch in seltenen Ausnahmefällen zu registrieren ist.

Der einst häufig auftretende, sehr gefährliche, hochgradig ansteckende Rotz tritt in Deutschland so gut wie

Ohne Schmied läuft kein Pferd.

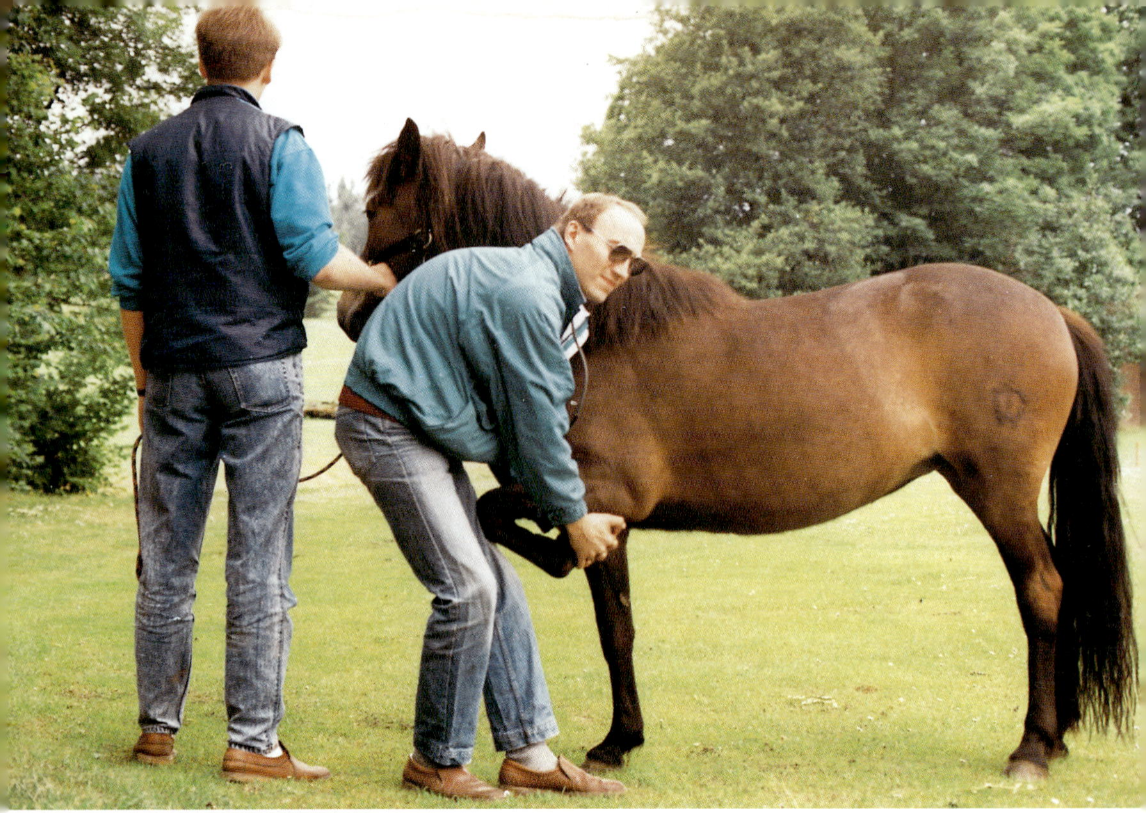

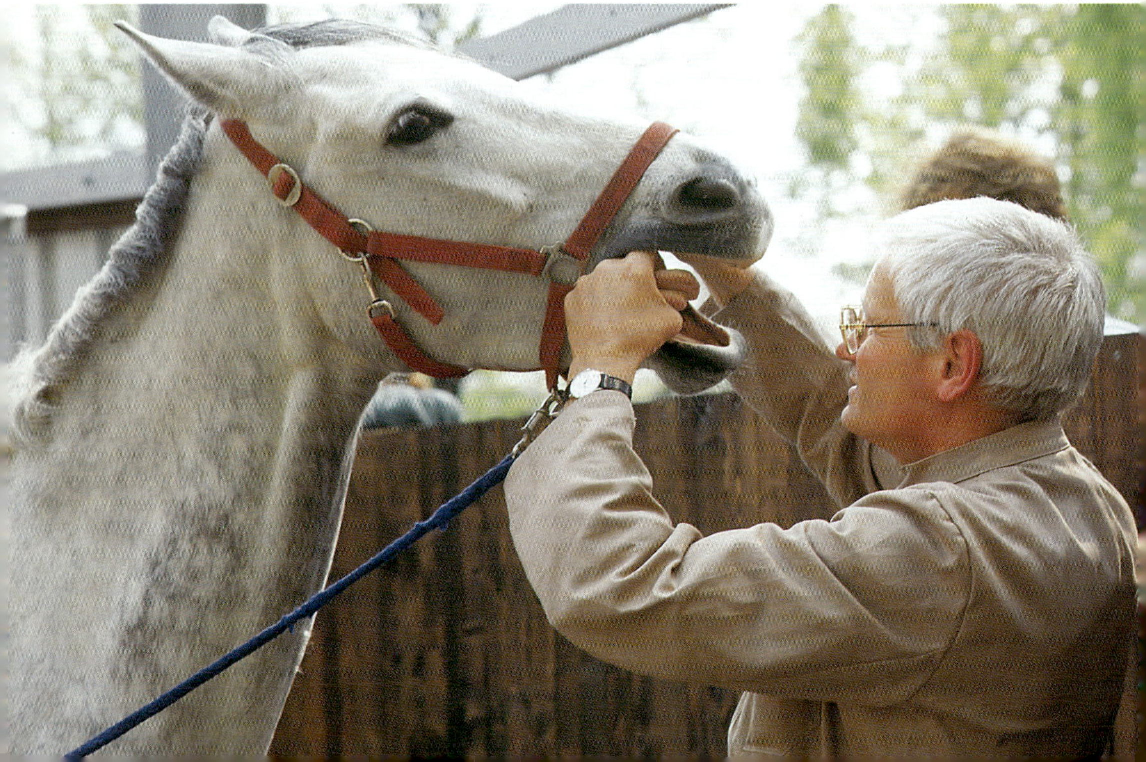

gar nicht mehr auf. Eine gewisse Gefahrenquelle stellen jedoch die zunehmenden Importe und auch die gesteigerte Mobilität der deutschen Sportpferde dar.

Auch der Dummkoller, eine infolge akuter Gehirnwassersucht entstandene, unheilbare Krankheit des Gehirns, die einst überwiegend Kaltblutpferde befiel, gehört inzwischen zu den großen Seltenheiten im Pferdestall.

Wesentlich häufiger treten dagegen nach wie vor die Periodische Augenentzündung, Dämpfigkeit und Koppen auf. Doch sind diese drei Hauptmängel, zumindest im fortgeschrittenen Stadium, meist schon bei Vertragsabschluß deutlich erkennbar. Allerdings kann Dämpfigkeit durch Spritzen mit Langzeitwirkung befristet kaschiert werden; mit Leichtigkeit länger als die bewußten 14 Gewährleistungstage, meist auch länger als sechs Wochen.

Mit anwachsender Tendenz werden, leider, unter Sportpferden Kehlkopfpfeifer ausgemacht. Kehlkopfpfeifen (oder »Roaren«, ein hörbarer Ton beim Einatmen) geht auf einen chronischen Krankheitszustand des Kehlkopfes oder der Luftröhre zurück. Die Ursachen können sowohl in erblicher Veranlagung, in physischer Überforderung wie auch in schädigenden Umwelteinflüssen zu suchen sein.

Bei der Untersuchung der Gelenke und der Zähne erfährt der Tierarzt eine Menge über den Zustand des Pferdes.

Die Zeiten haben sich geändert. Viel schwerer als die sechs »traditionellen« Hauptmängel wiegen längst jene Schäden am Pferd, die weder auf Anhieb, noch innerhalb weniger Wochen zu erkennen sind. Es sei denn, der Zufall spielt bei der Entdeckung eine Rolle. Oft sind dies Schäden, die beim physisch wie psychisch überforderten »Sportgerät« latent vorhanden sind.

Vier Hauptkomplexe kristallisieren sich dabei heraus:

1. Frühzeitige Verschleißerscheinungen an Rücken und Wirbelsäule und an den Extremitäten (Spat, Sehnenschäden, Hufrollenentzündung).
2. Erkrankungen der Bronchien, die oft bereits das chronische Stadium erreicht haben.
3. Erkrankungen des Herzens und der Blutgefäße. Immer häufiger kommt es zu tödlichen Zerreißungen. Das sportlich überstrapazierte Pferd leidet immer häufiger an einer besonderen Gefäßempfindlichkeit, die meist erst dann offensichtlich wird, wenn es schon zu spät ist.
4. Schäden am Verdauungsapparat durch unsachgemäße, oft überhaupt nicht pferdegerechte Ernährung (Überfütterung) bei gleichzeitigem Bewegungsmangel. Von Natur aus ist das Bewegungstier Pferd den ganzen Tag damit beschäftigt, sich grasend die Nahrung zusammenzusuchen. Im neuzeitlichen Stall bekommt es die feinsten, hochwertigen Nahrungsmittel pfundweise vorgesetzt.

Darüber hinaus werden auch verstärkt seelische Ursachen als Auslöser von Erkrankungen im Magen-

Darm-Bereich ausgemacht. Magengeschwüre bei gestreßten Pferden sind auf dem Vormarsch, wie die veterinärmedizinische Praxis feststellen mußte.

Diese unter Umständen schwerwiegenden und meist folgenreichen Erkrankungen des Pferdes, die inzwischen viel häufiger zu registrieren sind als die gewährspflichtigen Defekte, zählen von der Gesetzgebung her dennoch nicht zu den Hauptmängeln.

Für den Pferdekäufer wird die Beweisführung um so schwieriger, als der gewitzte Zeitgenosse das betroffene Pferd in der Regel dann schon feilbieten wird, wenn sich die ersten Anzeichen dieses oder jenes Defektes zeigen.

Selbst für ausgesprochene Pferdekenner dürfte es zu diesem Zeitpunkt noch schwer, wenn nicht gar unmöglich sein, Symptome auszumachen und ihre Ursachen wie auch die möglichen Folgen eindeutig zu analysieren. Zumal auch die neuzeitliche Stallapotheke reich bestückt ist mit pharmazeutischen Produkten, die manchen typischen Hinweis auf diese oder jene Schädigung verdekken, ohne gleichzeitig die Ursachen wirksam zu bekämpfen.

Nicht zuletzt aus diesem Grunde ist die Zeitungsannonce, die von einem jungen Pferd und seiner bereits ellenlangen Erfolgsliste handelt, mit ganz besonderer Vorsicht zu genießen.

Es macht zwar das Pferd um einige Scheine teurer, bietet aber mehr Sicherheit für den Kunden, wenn der Pferdeverkäufer durch zusätzliche, vertragliche Erklärungen für grundlegende Pferdeeigenschaften geradesteht, zum Beispiel für die Gesundheit des Pferdes. Das schließt alle über die Hauptmängel hinausgehenden Nebenmängel ein und bindet den Verkäufer gleichzeitig sehr eng an sein Versprechen. Nur Anbieter, die sich ihrer Sache hundertprozentig sicher sind, schließen dermaßen erweiterte Verträge mit ihren Kunden.

Außerdem kann der Verkäufer bestimmte Pferdeeigenschaften vertraglich zusichern, wie beispielsweise »Das Pferd ist kein Schläger«, »Das Pferd ist schmiedefromm« und ähnliches. Erweist sich eine der Zusagen später jedoch als Ente, und stört dies den Kunden ganz gewaltig, so ist dieser beweispflichtig, wenn er die Annulierung (Wandelung) des Kaufvertrages oder Schadensersatz wegen Nichterfüllung des Vertrages durchsetzen will.

Ein heißes Eisen ist die sogenannte Aufklärungs- oder Offenbarungspflicht des Verkäufers. Danach hat er den Kunden wahrheitsgemäß aufzuklären, wenn dieser ihn gezielt nach bestimmten Eigenschaften des Pferdes fragt. Zusätzlich ist der Verkäufer verpflichtet, den Käufer auch ungefragt über bestimmte Mängel und Eigenheiten des Pferdes zu informieren, etwa, daß es zur Hufrehe neigt oder daß es einen Nervenschnitt hat.

Diese Aufklärungspflicht des Verkäufers beschränkt sich allerdings auf Mängel, auf die ein bestimmtes Kriterium zutrifft. Es müssen »wesentliche Eigenschaften« sein, die den »Wert des Pferdes erheblich beeinträchtigen«. Dann liegt es im Streitfall bei den Rechtsvertretern der Partner, nachzuweisen oder in Frage zu stellen, ob etwa die Neigung zu Hufrehe den Wert des Pferdes erheblich beeinträchtigt oder nicht. Wie überhaupt das Kapitel »Pferdekauf« zur äußerst diffizilen Angelegenheit werden kann, wenn die »richtigen« Partner aneinandergeraten. Den Wortspielereien und Auslegungskünste sind keinerlei Grenzen gesetzt.

Aufklärungspflicht hin oder her – über allem steht der klassische juristische Grundsatz des Handelns nach Treu und Glauben. Doch es ist allemal schwer zu definieren, wo Loyalität anfängt und wo sie endet.

Es kann dem Verkäufer eines Pferdes ganz sicher nicht zugemutet werden, sprudelnd wie ein Wasserfall über alle Besonderheiten des Pferdes aufzuklären.

»Das absolute Kinderpferd, lammfromm, das schwöre ich Ihnen...«

Gewährsmängel

Während über Dummkoller und Kehlkopfpfeifen das wichtigste schon aus dem Textteil hervorgeht, nachfolgend noch Erklärungen zu den vier verbleibenden Gewährsmängeln.

Dämpfigkeit ist eine häufig auftretende chronische Erkrankung der Atemwege. Die Ursache sind verschleppte Beschwerden im Bereich der Bronchien und der Lunge.

Immer mehr Lungenbläschen füllen sich mit Flüssigkeit und verkleben, es kommt zu erheblichen Atembeschwerden. Deutlich erkennbar an der beim Ausatmen sichtbar werdenden Dampfrinne unterhalb des Rippenbogens und an den weit aufgeblähten Nüstern beim Einatmen – das Pferd leidet unter Sauerstoffmangel.

Dämpfigkeit kann nicht geheilt, sondern nur gelindert werden: durch regelmäßigen Aufenthalt in der frischen Luft und Unterbringung in einer Außenbox oder im Offenstall.

Rotz ist eine anzeigepflichtige Seuche. Durch Bazilleninfektion kommt es zu eitrigem Nasenausfluß und meist einseitiger, harter Schwellung der Lymphknoten am Kehlgang. Das Pferd bekommt schweres Fieber. Die Überlebenschancen sind gering.

Glücklicherweise zählt Rotz heute zu den selten auftretenden Pferdekrankheiten.

Der Beginn der **Periodischen Augenentzündung** ist schwer als solcher zu erkennen. Anzeichen sind: Tränenfluß, Lichtempfindlichkeit, Trübung der Hornhaut und langsames Schließen der Pupille bei Lichteinfall.

Die Symptome kommen und gehen, etwa im vierwöchigen Turnus, daher auch der Name »Mondblindheit«, der sich auf den Mondwechsel bezieht.

Die Erkrankung kann durch eine Infektion entstehen, kann allerdings auch vererbt worden sein. Auch bestimmte Allergene sind als Auslöser möglich.

Die Periodische Augenentzündung gilt als unheilbar.

Bedingter Pferdekauf – Kauf auf Probe

Der Gesetzgeber hat mit den Gegebenheiten und Bedürfnissen des aktuellen Sportpferdemarktes, der eine geradezu rasante Strukturveränderung hinter sich hat, nicht Schritt gehalten.

Die Marktpartner haben reagiert – zwei Zwischenformen des konventionellen Pferdehandels sind entstanden. Der Fachjargon bezeichnet sie als sogenannte »aufschiebend bedingte Kaufverträge«.

Da ist einmal der sogenannte bedingte Pferdekauf mit Ankaufsuntersuchung. Das bedeutet, daß der be-

Die Statistiker hätten viel Arbeit, wollten sie die **Kopper** (Luftschlucker) in deutschen Ställen zählen. Beim Koppen oder Krippensetzen schluckt das Pferd hörbar Luft ab. Es ist eine Verhaltensstörung, die gut und gerne auch als Notsignal interpretiert werden kann, niemals jedoch als Untugend des Pferdes verstanden werden darf. Denn die Hauptursache, die Langeweile des Pferdes, wird und wurde vom Menschen ausgelöst, der aus dem Naturgeschöpf Pferd ein durch und durch zivilisiertes Wesen gemacht hat.

Auch gilt es als erwiesen, daß nur ausgesprochen wache, intelligente Pferde die genannte Verhaltensauffälligkeit zeigen, möglicherweise, um instinktiv auf sich aufmerksam zu machen. Pferde, deren Wille und Charakter bereits gebrochen sind, resignieren dagegen eher.

Ein Phänomen: Keine andere Pferdeeigenschaft ist so ansteckend wie das Koppen. Steht erst einmal ein Gewohnheits-Krippensetzer im Stall, besteht die Gefahr, daß er bald Nachahmer findet. Es wurden sogar schon ausgesprochene Spaßvögel registriert, die die »Luftnummer« bei ganz bestimmten Gelegenheiten gezielt einsetzten. Beispielsweise dann, wenn der vertraute Mensch seine Aufmerksamkeit allzu lange dem Boxennachbarn widmete.

Leider werden beim Krippensetzen nicht nur die oberen Schneidezähne sehr in Mitleidenschaft gezogen. Luftschlucken kann außerdem die Ursache mancher Verdauungsstörung sein und zu Koliken führen.

Nicht immer ist Koppen freilich das Signal einer frustrierten Pferdeseele. Mitunter ist es auch ein Hinweis auf krankhafte Abläufe im Verdauungsbereich. Das koppende Pferd versucht, entweder den Überfluß an Magensäure durch Luftschlucken zu kompensieren, oder es empfindet schlicht und einfach einen wahren Bärenhunger, weil der Anteil von Ballaststoffen bei der Fütterung nicht stimmt.

reits abgeschlossene Kaufvertrag erst dann rechtskräftig wird, wenn die Ergebnisse einer gründlichen Ankaufsuntersuchung vorliegen.

Diese Handelsform hat Nachteile, denn ein langer und unter Umständen gefährlicher Zeitraum klafft zwischen Vertragsabschluß und dem endgültigen Übergang des Pferdes in den Besitz des Käufers.

Wer haftet, wenn das Pferd während dieser Zwischenphase krank oder gar sportuntauglich wird? Wer haftet, wenn bei der Ankaufsuntersuchung aus diesen oder jenen Gründen ein Schaden eintritt, den der untersuchende Veterinär nicht zu vertreten hat?

Dann nimmt die Paragraphen-

Galoppade ihren Lauf. Beweisführung hier, Abwiegelung dort – lachende Dritte sind die Diener Justitias.

Der Kauf auf Probe ist die zweite Zwischenform. Der Käufer vereinbart mit dem Verkäufer, daß der Kaufvertrag erst dann rechtsgültig wird, wenn eine vorgesehene und zugesicherte Probezeit abgelaufen ist.

Hierbei sitzt der Verkäufer auf buckelndem Roß: Das »Probepferd« hat zwar seinen (des Verkäufers) Stall verlassen, er hat keinen Einfluß und Einblick mehr, aber das Risiko von Unfall oder Tod während der Probezeit geht voll zu seinen Lasten, weil der Kaufvertrag ja noch nicht rechtswirksam geworden und das Pferd noch immer Eigentum des Verkäufers ist.

Freilich besteht die Möglichkeit der (schriftlichen!) Sondervereinbarungen. Sie legen Art, Zeitraum und vor allem den Grad der Risikoverteilung während des »aufschiebend bedingten« Zeitraums fest. Gute Partner treffen sich dabei in der Mitte.

Die Ankaufsuntersuchung

Nur noch »Sonderangebote« oder Pferde, die besonderer Lebensumstände halber weitergegeben werden, wechseln heute noch ohne vorherige tierärztliche Ankaufsuntersuchung Stall und Futterkrippe. Von einer bestimmten Preisklasse an aufwärts wird die Mehrheit der Verkaufskandidaten vor Vertragsabschluß vom Tierarzt auf Herz und Nieren getestet.

Die Ankaufsuntersuchung, deren Durchführung nicht zwingender Bestandteil des Kaufvertrages ist, sondern den Vertragspartnern überlassen bleibt, kann vom Käufer oder vom Verkäufer veranlaßt werden. Wobei der jeweilige Auftraggeber auch die Kosten übernimmt. Auch der goldene Mittelweg steht offen. Dann treffen sich die Partner in der Mitte und teilen die Aufwendungen.

Im Schnitt liegen die Kosten für eine gründliche Ankaufsuntersuchung durch den Fachtierarzt zwischen 500 und 1000 Mark, einschließlich grundlegender Röntgenaufnahmen. Über das Grundmaß hinausgehende zusätzliche Röntgenaufnahmen oder auch Dopingproben verteuern die Ankaufsuntersuchung entsprechend.

Gründlich untersucht werden das Maul, der Nasen-Nüstern-Bereich und die Augen, das Herz, der Kreislauf und die Atmung, im Ruhezustand und nach Bewegung, zunächst im Schritt und im Trab. Dabei kommt vor allem der genauen Beobachtung der Atemfrequenz eine besondere Bedeutung zu, denn es lassen sich möglicherweise Rückschlüsse ziehen auf eine der häufigsten Pferdekrankheiten unserer Zeit, die Erkrankung der Bronchien, die im fortgeschrittenen Stadium zur Dämpfigkeit führen kann.

Argusaugen braucht der Tierarzt beim nächsten Arbeitsabschnitt der Ankaufsuntersuchung: wenn er das Pferd auf das Vorhandensein von

Ankaufsuntersuchung

Narben untersucht, die bei Operationen entstanden sind.

Zwar nennt der seriöse Verkäufer – so er's denn selber überhaupt weiß – schon bei der Vorstellung des Pferdes das Kind beim Namen. Doch mancher Nervenschnitt, manche vom Brennen herrührende Narbenkette, manche Spatpunktierungen an den Sprunggelenken oder Narben, die auf Kehlkopfoperationen schließen lassen, kommen trotzdem erst bei der intensiven Ankaufsuntersuchung ans Licht.

Eingehend untersucht werden Rücken und Wirbelsäule. Das Pferd wird rückwärtsgerichtet, muß ein paar Schritte rückwärts gehen, und es muß kurze Wendungen ausführen. Bei eckigen Bewegungen oder gar Anzeichen von Schmerzempfindungen liegt der Verdacht auf eine Ataxie, eine nicht selten auftretende Schädigung im Zentralnervensystem, vor, die den Bewegungsablauf empfindlich stören kann. Auch Unfälle können zu Ataxien führen.

Beim Vorführen im Schritt und im Trab, erst auf weichem, danach auf hartem Untergrund, geradeaus und im Kreis, können Lahmheiten erkannt werden. Oder auch nicht, wenn der Kandidat zuvor »ein Spritzchen« bekommen hat. Darum läßt sich der wissende Veterinär stets vor Beginn der Ankaufsuntersuchung die schriftliche Bestätigung des Verkäufers geben, daß das zu untersuchende Pferd nicht unter dem Einfluß von Medikamenten steht. Wer lügt, kommt mit dem Strafgesetz in Konflikt.

Unerläßlich ist schließlich die Beugeprobe an allen vieren. Ein oder zwei Minuten lang wird starker Druck auf das gebeugte Gelenk im unteren Gliedmaßenbereich ausgeübt. Unmittelbar danach muß das Pferd aus dem Stand antraben. Auf hartem Geläuf! Lahmt das Pferd, stimmt etwas nicht, und es muß den Ursachen sorgfältig auf den Grund gegangen werden.

Zur intensiven Ankaufsuntersuchung gehört schließlich der Test im starken Galopp, sei dies mit Reiter, an der Longierleine oder frei in der Halle. Der Proband muß buchstäblich bis zum Schweißausbruch galoppieren – nur so können außergewöhnliche Atemgeräusche folgerichtig analysiert werden, möglicherweise als Kehlkopfpfeifen (»Ton« beim Einatmen) oder als eine beginnende Erkrankung der Bronchien (beim Ausatmen). Um so schlimmer, wenn danach, im Ruhezustand, die Dampfrinne unterhalb des Rippenbereiches sichtbar wird. Dann ist die gefürchtete Dämpfigkeit mit größter Wahrscheinlichkeit bereits eingetreten.

Im Zweifel ergänzen und festigen Kehlkopfspiegelung und eine gezielte Röntgenbildreihe das eine oder andere Ergebnis des Grundtests. Andererseits ist auch die Zerstreuung eventueller Verdachtsmomente durch das Röntgenbild möglich. Voller Tücken sind dabei jedoch die Auswertung und der Kommentar. Es hat schon Fälle – und nicht zu knapp – gegeben, da mehrere Experten zu unterschiedlichen Schlüssen bei der Interpretation bestimmter Röntgenbilder kamen.

Kein Wunder. Denn um den Gesundheitszustand eines Gelenks richtig zu erfassen und zu deuten, sollte der Veterinär förmlich ins Gelenk hineinschauen können. Mindestens drei Röntgenaufnahmen (von allen Seiten) veranschlagen die Experten pro Gelenk. Eine Zahl, die sich ohne weiteres noch nach oben verändern kann.

Der Tierarzt, der die Ankaufsuntersuchung durchführt, steckt in einer ganz besonderen Zwickmühle. Er sollte deshalb unbedingt neutral sein und als unabhängiger Sachverständiger weder dem Käufer noch dem Verkäufer »nahestehen«. Damit nicht genug. Entgeht dem Experten bei der Ankaufsuntersuchung ein erheblicher Mangel, so kann der Tierarzt sogar später in Regreß genommen werden.

Ist deshalb der Veterinär vor allem Diplomat in eigener Sache, liegt es nahe, daß er bei Unklarheiten im Befund des Pferdes nur zu leicht dazu neigen könnte, vom Kauf abzuraten.

Was außerdem beim untersuchenden Tierarzt gern stillschweigend vorausgesetzt wird, sind prophetische Gaben – mancher Käufer wüßte schon im voraus sehr gerne Bescheid, ob das Pferd die nächsten fünf Jahre bei bester Gesundheit überstehen wird.

Das Gesetz schützt den Experten: Das Resultat der Ankaufsuntersuchung gilt einzig und allein für den Augenblick, das heißt für den Zeitpunkt der Untersuchung.

Nicht immer kann im Verlauf der ersten Untersuchung der Gesundheitszustand des Pferdes eindeutig beurteilt werden. Dann raten Experten, nach Ablauf eines gewissen Zeit-

Pferde auf dem Prüfstand

Der Wunsch nach Perfektion kann beim Pferdekauf zur fixen Idee werden. Dann nämlich, wenn es sich einbürgert, das Pferd vor dem Kauf förmlich durch den TÜV zu schleusen, es von allen Ecken und Kanten zu durchleuchten (und es dabei mit Röntgenstrahlen vollzupumpen, vor deren Menge und Intensität jeder aufgeklärte Mensch die Flucht ergreifen würde). Manche bemühen sogar den Computer, um vor allem Unregelmäßigkeiten im Gang auf die Schliche zu kommen. Bei letzterem trabt das Pferd über eine mit Feinstfühlern ausgestattete Hartgummi-Druckmeßstraße. Die in elektrische Impulse umgewandelten Pferdetritte werden auf dem Bildschirm sichtbar. Taktreinheit oder das Gegenteil können abgelesen und, wiederum per Computer, gründlich ausgewertet werden.

Die Einstellung macht's. Muß der künftige Pferdebesitzer, muß der mit Pferden umgehende Mensch wirklich jeder noch so kleinen »Unebenheit« akribisch nachhängen? Muß er ein Riesentheater anzetteln, tolle Kombinationen anstellen und damit die »Ware« Pferd gedanklich schon in einen potentiellen Schrotthaufen verwandeln?

Sicher beherrscht Mißtrauen die Szene: weil die Pferde heute in viel jüngerem Alter verschlissen und verbraucht werden, als dies noch vor weniger als zwei Jahrzehnten der Fall war. Sicher sind auch die Preise inzwischen so hoch geklettert, daß der zahlende Kunde analog ein Anrecht auf erstklassige »Ware« zu haben glaubt.

Aber Pferde sind nun mal keine auf dem Reißbrett konstruierten, handgenagelten oder auf dem Fließband zusammengeschweißten Maschinen. Ein Rest Ungewißheit bleibt immer, weil sich Mutter Natur nach wie vor den Luxus der Überraschung leistet.

Der »Mensch 2000« täte sicher gut daran, wieder mehr Bescheidenheit gegenüber der Schöpfung walten zu lassen. Sonst wird es zur Gewohnheit, daß auch die Pferde nach allen Regeln der Untersuchungskunst getestet, betatscht, beklopft und durchleuchtet werden. Und daß sie dafür entweder ein Echtheits- oder ein Sicherheitssiegel auf die Hinterbacke kriegen – oder auf dem Sperrmüll landen.

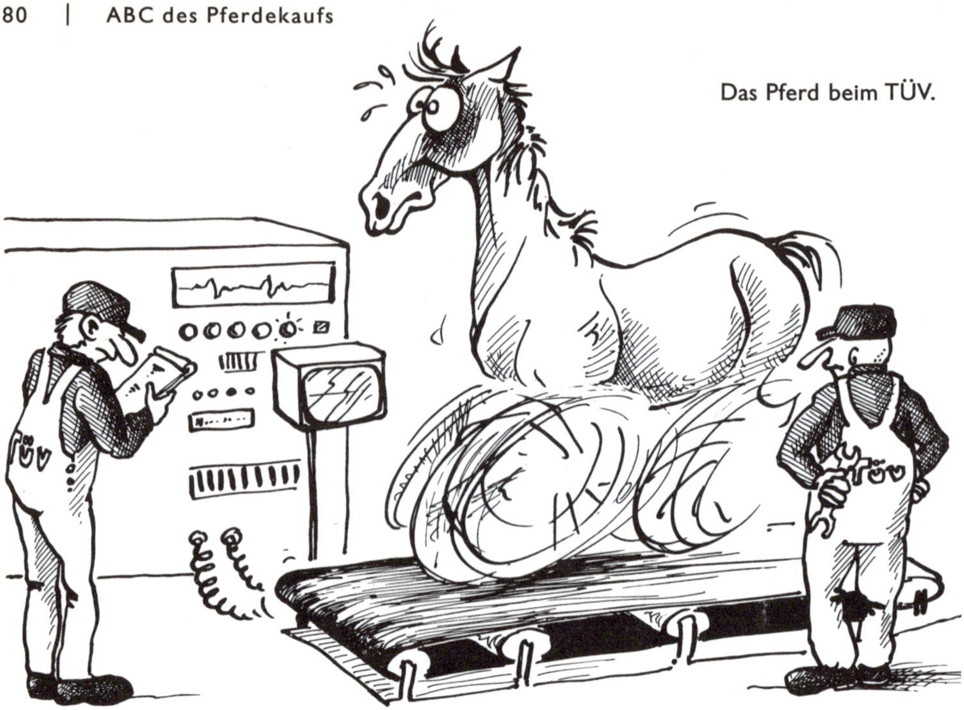

Das Pferd beim TÜV.

raumes eine Nachfolgeuntersuchung durchzuführen. Der Kaufvertrag läuft während dieser Zeitspanne »unter Vorbehalt«.

Um den möglichen Rücktritt vom Kaufvertrag abzusichern, kann der folgende Passus in den Vertrag aufgenommen werden: »Der Käufer behält sich den Rücktritt vom Vertrag vor, wenn eine innerhalb von fünf Tagen erfolgte Ankaufsuntersuchung ergibt, daß der Tierarzt vom Kauf des Pferdes abrät.«

Eigentumsübergang und Gefahrübergang

Bedeutsam für den Futterkrippenwechsel ist der sogenannte Eigentumsvorbehalt. Dabei bleibt der Verkäufer solange Eigentümer des betreffenden Pferdes, bis der Käufer den Kaufpreis, einschließlich der Mehrwertsteuer, voll bezahlt hat. Es sei denn, es wurden ausdrücklich andere Vereinbarungen getroffen.

Erst wenn das Eigentum voll auf den neuen Erwerber übergegangen ist, hat dieser Anspruch auf Aushändigung der Papiere (Abstammungsnachweis). Dann ist der Vorgang des Eigentumsüberganges abgeschlossen, ein relativ rascher Prozeß, an dessen Grundbedingungen und ihrer Erfüllung kaum zu rütteln ist.

Dehnbarer ist die Auslegung des sogenannten Gefahrüberganges, der im Kaufvertrag allerdings klar definiert wird.

Dem »Gegenstand« des Handels, dem Pferd, kann als Lebewesen –

noch dazu als sehr kapriziöses Lebewesen – logischerweise ständig etwas zustoßen, wie beispielsweise Unfälle oder plötzliche Erkrankungen. Deshalb sieht das Gesetz (der Kaufvertrag) Bestimmungen zum Schutz des Käufers wie auch des Verkäufers vor, zumal der Besitzwechsel meist nicht von einer Stunde zur anderen abzuwickeln ist. Angelpunkt ist der sogenannte Gefahrübergang, der genau fixiert, zu welchem Zeitpunkt die Verantwortung (das Risiko) des Verkäufers endet und die des Käufers beginnt.

Erkrankt oder verunglückt das bereits durch Kaufvertragsabschluß erworbene Pferd noch vor der Übergabe an den Käufer, so gehen alle Folgen des Ereignisses voll zu Lasten des Verkäufers.

Der Käufer kann darüber hinaus vom Kaufvertrag zurücktreten, selbst wenn dieser schon unterschrieben sein sollte. Nämlich dann, wenn durch die plötzliche Erkrankung (durch den Unfall) mit einer erheblichen Wertminderung des Pferdes zu rechnen ist. Das freilich ist eine Ermessens- und auch eine Auslegungsfrage, deren Lösung vom Geschick der mit der Wahrung der Interessen der Vertragspartner beauftragten Juristen abhängt.

Erst mit dem Zeitpunkt der Übergabe an den Käufer ist der Anbieter aus dem Schneider. Ein Beispiel: Stolpert das verkaufte Pferd beim Gang in den Transporter über den Rand der Verladebrücke, so trifft es voll und ganz den neuen Eigentümer, denn das Kriterium der Übergabe ist erfüllt. Dabei spielt es keine Rolle, ob der Käufer sein frisch erworbenes Pferd selber abholt oder einen Dritten (ein Transportunternehmen) damit beauftragt hat. Leistet der Verkäufer einen Sonder-Service und liefert er das verkaufte Pferd frei Stall, so sollten zuvor – schriftlich! – Sondervereinbarungen hinsichtlich des Gefahrüberganges zwischen den Vertragspartnern getroffen werden.

Alles bedeutet Wasser auf die Mühlen (oder Geld in die Kassen) der Versicherungen, denn der Abschluß einer Transportversicherung ist das mindeste, was ein risikobewußter Käufer tun kann, um sich vor bösen Überraschungen zu schützen.

Mitunter liegt ein erheblicher Zeitraum zwischen Vertragsabschluß (Eigentumsübergang) und Übergabe des Pferdes. Zum Beispiel, wenn das Pferd zur Aufzucht oder auch zum Beritt noch mehr oder weniger lange im Stall des Verkäufers bleiben soll. Dann wird es im verständlichen Interesse des Anbieters liegen, zusätzlich zum abgeschlossenen Kaufvertrag eine entsprechende schriftliche Vereinbarung zu treffen, daß der Käufer bereits bei Vertragsabschluß (beziehungsweise beim Eigentumsübergang) das Risiko übernimmt, und nicht erst der spätere Zeitpunkt der eigentlichen Übergabe abgewartet wird.

Nutzen Sie also alle Möglichkeiten, die sich aus dem Vertragsrechts herleiten lassen, sowie alle tierärztlichen Untersuchungen. Sonst kann es Ihnen allzu leicht passieren, daß Sie die Kasse des Verkäufers zu Ihren Lasten ungerechtfertigt füllen.

Der Ernst des Lebens beginnt an der Verladerampe

Das Traumpferd ist gekauft, der Handschlag getätigt. Schon fängt für das Pferd der Ernst des Lebens an. Der Gang in den mehr oder minder geräumigen, mehr oder minder geeigneten Transporter bedeutet für manches

Beim Verladen: Ruhe und Besonnenheit bewahren und sich niemals zu Grobheiten hinreißen lassen.

Pferd den ersten Stolperstein auf dem Weg in den neuen Lebensabschnitt. Mitunter liefert der Verkäufer »frei Stall«, mitunter ist Selbstabholung vereinbart. Nie sollte der Erst-Pferdebesitzer, voll des verständlichen Besitzerstolzes und auch voller Selbstvertrauen, die Sache ohne erfahrene Begleitpersonen angehen. Der gute Pferdetransport ist eine schwierige, manchmal auch gefährliche Angelegenheit. Das Verladen vor allem.

Während Routiniers unter den Pferden die Verladebrücke zum Hänger besteigen, als wär's ein Spaziergang, »zieren« sich andere nach Kräften. Manchmal stundenlang. Entweder haben sie ganz einfach Angst schon beim ersten Tritt auf die polternde Verladebrücke, oder sie haben schlimme Erfahrungen im engen Kabuff hinter sich. Da Pferde über ein hervorragendes Gedächtnis verfügen, ist es vor allem bei »gebrannten Kindern« schwer, das Mißtrauen zu beseitigen.

Es gibt tausend Tricks, das widerspenstige Pferd in den Hänger zu bugsieren. Ausnahmslos gilt für jede Methode: Ruhe und Besonnenheit bewahren und sich niemals zu Grobheiten hinreißen lassen.

Im Pferd steckt die Ur-Angst, aus dem Hellen ins unbekannte, unergründliche Dunkel gehen zu müssen. Deshalb begünstigt der helle, geräumige, gut durchlüftete Hänger den »Pferde-Eintritt«.

Am Kopfende des Hängers sollten frisches Heu und andere Leckerbissen gleich zum behaglichen Pferdewohnstuben-Ambiente beitragen. Daß deshalb der Hänger nicht nur gut, sondern geradezu verschwenderisch eingestreut sein sollte, ist selbstverständlich.

Hilfreich ist es, wenn ein vertrauter Stallgenosse dem nervigen Delinquenten vorangeht und eine Weile im Hänger bleibt. Ist der Widerspenstige drin, geht das Führpferd wieder raus. Eine Methode, die logischerweise nur im Zweipferde-Hänger zu praktizieren ist.

Die rutschfeste, trockene (!) Einstiegsrampe muß auf beiden Seiten mit Strohballen abgesichert sein, denn beim Abrutschen von der Rampe kann es zu schweren Verletzungen im Gliedmaßenbereich kommen.

Ein optischer »Zaun« ist mit Hilfe einer Longierleine einfach herzustellen; die Leine berührt das einsteigende Pferd leicht an der Hinterhand und wird durch zwei rechts und links von der Rampe postierte Helfer mitgeführt.

Von Vorteil ist es darüber hinaus, wenn der Hänger tiefer steht als das einsteigende Pferd. Denn in diesem Falle verläuft die Einstiegsbrücke waagerecht, was dem Pferd, vor allem für den Anfang, weit weniger Mißtrauen und Unbehagen bereitet, als wenn es klettern müßte.

Erfahrene Züchter oder Pferdeverkäufer üben den »Ernstfall« Verladen mit ihren Pferden regelmäßig. Das zahlt sich aus.

Partnerschaft am Pferdeschweif

Ein Pferd und seine Haltung kosten Geld und Zeit. Die Partnerschaft am Pferdeschweif kann diese Lasten teilen. Den Spaß an der Freud' aber auch.

Ein offizieller Vertrag ist nicht erforderlich, doch erfahrungsgemäß bietet gerade das Doppel am Zügel so viele Stolpersteine, daß selbst unter den besten Freunden die folgenden Punkte schriftlich fixiert werden sollten.

Die Art der Kostenbeteiligung muß schwarz auf weiß zwischen den Parteien vereinbart werden. (Beispiel: In welcher Relation beteiligt sich der Partner an den festen Kosten der Pferdehaltung, an den Nebenausgaben für Schmied und Tierarzt?)

Auch sollten sich die Partner ein klares »Nutzungsprogramm« einfallen lassen und dies zu Papier bringen. Dicker Reif kann nämlich dann auf die beste Freundschaft fallen, wenn der zum Sonntagsritt gerüstete Pferdemensch, gestiefelt und gespornt, auf einmal vor der leeren Box steht, weil der Partner ins Gelände geritten ist.

Festzulegen ist die Haftungsfrage, wobei es auch für den Partner, der nicht der Eigentümer des Pferdes ist, ratsam ist, eine Tierhalter-Haftpflichtversicherung abzuschließen. Er kann nämlich dann im Sinne der

»Reitbeteiligung«

sogenannten Gefährdungshaftung zur Verantwortung gezogen werden, wenn Dritte durch das Pferd in irgendeiner Weise geschädigt werden.

Erst recht müssen sich die Partner über die Frage der Risikoverteilung im Falle dauernder Unbrauchbarkeit oder beim Tod des Pferdes genau im klaren sein und dies schriftlich festhalten. Dabei kann der Nichteigentümer einen Haftungsausschluß zu seinen Gunsten einbauen: Stolperte also zum Beispiel das Pferd während eines ordnungsgemäß vereinbarten »Nutzungsaktes« mit dem Nichteigentümer im Sattel und wäre es danach als Reitpferd nicht mehr einsetzbar, so ist dieser, der Nichteigentümer, auch nicht zuständig für die Folgen.

Jedoch: Regelrecht sitzengelassen, wenn auch mit Zustimmung Justitias, dürfte sich dann der Eigentümer des Pferdes fühlen. Deshalb ist bei Partnerschaften der gemeinsame Abschluß einer Tierlebensversicherung angebracht; die Prämienkosten werden geteilt.

Noch eine Partnerschaftsform: das »halbe« Pferd. Dann sind die Partner zu gleichen Teilen auch Eigentümer des Pferdes.

Einfach zu dividieren sind die Unterhaltskosten. Doch geht es um emotionale Sachverhalte oder um die moralischen »Rechte« am Pferd, ist der Ehestreit zwischen den Partnern meist geradezu vorprogrammiert.

Entsprechend hoch ist die »Scheidungsquote«.

Es sei denn, die Partner heiraten einander tatsächlich und gründen, zusammen mit dem Pferd, eine echte Familie.

DIE GEWISSENSFRAGE: VERSICHERN ODER NICHT?

Schon vor mehr als zweitausend Jahren dachten Tierhalter an die Möglichkeit, sich gegen Verluste aller Art zu versichern. Was damals allerdings noch nach dem einfachen Prinzip der gegenseitigen Unterstützung bei eingetretenen Schadensfällen – durch Raub, Krankheit, Naturkatastrophen – geregelt wurde, ist längst zum ausgefeilten Paragraphenwerk geraten, zur Aufstellung darüber, wer was, wie und wogegen versichern kann. Das gilt vor allem bei Pferden, die, je höher ihr Preis und ihre Haltungskosten steigen, um so mehr als Vermögenswert angesehen und im juristischen Sinne behandelt werden. Vielerlei Formen und Möglichkeiten der neuzeitlichen Versicherung gewähren ein Höchstmaß an Schutz vor Risiken aller Art, die sowohl Sport- als auch Zuchtpferden drohen.

Es gilt jedoch als offenes Geheimnis in der Branche, daß der Markt der Pferde-Versicherungen noch lange nicht ausgeschöpft ist, weil es bei der Mehrheit der Pferdebesitzer am »Versicherungsbewußtsein« hapert. Da Versicherungsunternehmen jedoch keine Sozialinstitute, sondern erwerbsorientierte Dienstleistungsbetriebe sind, hat das Ding eine Kehrseite: Je mehr »entschädigt« werden muß und je kleiner die Solidargemeinschaft der Versicherungsnehmer, um so höher sind die von der Kundschaft zu entrichtenden Prämiensätze.

Das Mißtrauen und die Zurückhaltung der Kundschaft entsprechenden Vertragsabschlüssen gegenüber haben ihren guten Grund. Nur zu rasch spricht es sich herum, wenn hier und dort schlechte Erfahrungen bei der Abwicklung von Schadensfällen gemacht worden sind. Analog werden die »guten«, für den Versicherungsnehmer positiv verlaufenden Vorgänge weit weniger nachhaltig im Reiterstübchen ausdiskutiert.

Jeder einzelne Versicherungsfall gleicht einem schillernden Mosaik, denn er setzt sich aus vielerlei Fakten zusammen. Während der Versicherungsnehmer die Beweislast trägt, obliegt dem Versicherungsgeber jeweils die Interpretation. Einer gegen den anderen – da freut sich der Dritte. Rechtsvertreter, auf »Pferd« spezialisiert, verdienen nicht schlecht.

Wer reiten will, muß striegeln können!

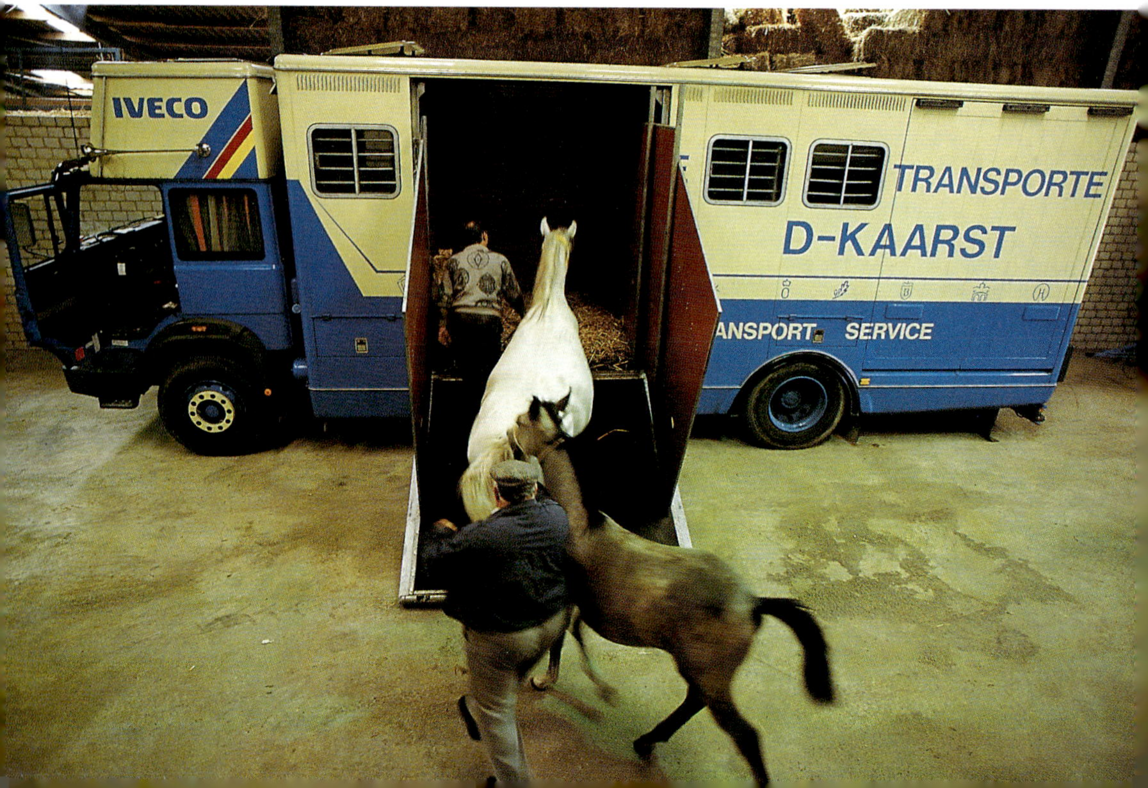
IVECO
TRANSPORTE
D-KAARST
ANSPORT SERVICE

Darüber hinaus hat jedes Versicherungsunternehmen seine gewieften »Außendienst-Experten«, kenntnisreich, kontaktfreudig, trickreich ebenso. Denn auch die pferdebesitzende Kundschaft wird mit der Zeit immer erfinderischer, um den größtmöglichen Vorteil zu erlangen.

Tierhalter-Haftpflichtversicherung

Um eine Versicherungsform kommt der Pferdebesitzer kaum herum: die Tierhalter-Haftpflichtversicherung. Bindend vorgeschrieben fürs Kraftfahrzeug, läßt der Gesetzgeber jedoch im Falle der Tierhalterhaftung die Zügel schleifen, denn der Abschluß einer entsprechenden Versicherung ist freiwillig. Doch gerade durch das unberechenbare Tier, das Pferd, können Schäden in Millionenhöhe entstehen. Dabei haftet der Pferdehalter auch dann, wenn er seiner Sorgfaltspflicht voll nachgekommen ist, zum Beispiel, wenn Pferde aus einer sachgerecht umzäunten Koppel ausgebrochen sind, weil ein Unbefugter das Gatter geöffnet hat.

Abgesichert sind bei der Tierhalterhaftung alle Schäden, die Dritten durch das betreffende Tier entstehen können. Der übliche Deckungsrahmen liegt derzeit bei zwei Millionen Mark für Personen- und/oder Sachschäden.

Beim Pferdetransport gibt es tausend Tricks. Das Wichtigste aber: Ruhe und Geduld beim Verladen und ein guter Hänger.

Da zahlreiche Anbieter im Wettbewerb stehen, liegt der Interessent goldrichtig, der sich vor Versicherungsabschluß gründlich informiert und sich danach die entsprechenden Angebote machen läßt. Der zu entrichtende Jahresbeitrag einer Tierhalter-Haftpflichtversicherung kann zwischen 150 und 350 Mark variieren.

Während also der Abschluß einer Tierhalter-Haftpflichtversicherung im Interesse des Tierhalters und auch der allgemeinen Sicherheit geradezu notwendig ist, selbst wenn der Pferdebesitzer keinerlei leistungssportliche Ambitionen hat, sind die folgenden Versicherungsformen reine Ermessensfragen.

Pferdelebensversicherung

Um sich gegen unvorhersehbare Ereignisse zu wappnen, kann der Pferdebesitzer eine sogenannte Pferdelebensversicherung abschließen. Entschädigt wird dann bei Tod/Nottötung des Pferdes infolge Krankheit oder Unfall, Trächtigkeit oder Geburt, Operation zur Abwendung eines Versicherungsfalles oder Kastration. Eingeschlossen sind die Risiken beim Transport und auf der Weide; auch Schadensfälle mit tödlichem Ausgang, die durch Brand, Explosion oder Blitzschlag verursacht worden sind.

Der Versicherungsgeber prüft die Umstände des Todes, wobei auch im Falle von Fahrlässigkeit entschädigt wird. Ausgeschlossen sind nur die vorsätzliche Tötung sowie die Scha-

Wehe, wenn der Besitzer keine Haftpflichtversicherung hat

densursachen, bei denen dem Versicherungsnehmer Vorsatz nachgewiesen werden kann.

Die Höhe der Prämie richtet sich nach dem Abschlußalter und dem Versicherungswert des Pferdes. Das Mindestalter ist sieben Tage, das Höchstalter für Großpferde ist das vollendete 11. Lebensjahr, für Kleinpferde das vollendete 15. Lebensjahr. Für Pferde, die vor Vollendung des achten Lebensjahres versichert werden, gelten niedrigere Prämien als für die zweite Zielgruppe der Älteren.

Auch bei der Auszahlung im Schadensfall wird nach einer altersabhängigen Staffelung verfahren. Während Pferde, deren Versicherung vor dem vollendeten achten Lebensjahr abgeschlossen wurde, im später eintretenden Schadensfall zu 100 Prozent entschädigt werden, senkt sich der Entschädigungssatz für Pferde mit höherem Aufnahmealter auf 80 Prozent im Schadensfall.

Bei einem Versicherungswert von 10000 Mark ist von einer mittleren jährlichen Prämie von 500 Mark auszugehen.

Zusätzlich zum Kriterium Tod/Nottötung kann das Pferd gegen »dauernde Unbrauchbarkeit« versichert werden. Wenn das Pferd als Fahr- oder Jagdpferd erworben wurde und infolge Krankheit oder Unfall nicht mehr eingesetzt werden kann, greift die Versicherung. Der Begriff »dauernde Unbrauchbarkeit« ist allerdings dermaßen schwammig auszulegen, daß der Expertenstreit geradezu vorprogrammiert ist.

Nicht nur muß das Kriterium »dauernde Unbrauchbarkeit« durch eingehende, für das betroffene Pferd nicht selten quälende tierärztliche Untersuchungen erst einmal nachgewiesen werden, auch spielt dann bei der Entschädigung der sogenannte »augenblickliche Verkehrswert« des Pferdes eine Rolle. Mit anderen Worten: Stets wird der augenblickliche Leistungsstand des Pferdes zur Versicherungssumme in Relation gesetzt. Absolvierte demnach das Pferd Ernteprinz kurz vor dem Eintritt des Schadensfalles jede S-Dressur »mit links«, so darf sein Besitzer eine höhere Entschädigung erhoffen als Frau Jedermann für ihren heißgeliebten Bergengrün, der nie im Leben einen E-Parcours von innen sah, selbst wenn der Versicherungswert beider Pferde derselbe sein sollte.

Niemals werden jedoch mehr als 80 Prozent des Versicherungswertes ersetzt. Eher weit weniger.

Die Zusatzversicherung auf »dauernde Unbrauchbarkeit« ist nur in Verbindung mit der Pferdelebensversicherung (Tod/Nottötung) möglich.

Ausgehend von einem Versicherungswert von 10000 Mark beträgt die jährliche Prämie etwa 1000 Mark für diese kombinierte Versicherungsform.

Ist die Entschädigung erfolgt, geht das Pferd in das Eigentum des Versicherungsgebers über. Der kann es, um zumindest den Schlachtpreis zu erzielen, zur sofortigen Schlachtung überstellen. Doch es gibt eine bedeutsame Einlassung: Der entschädigte Pferdebesitzer hat die verbriefte Chance des Rückkaufs, falls er dem Pferd das Weiterleben unter bestimmten Voraussetzungen und in eigener Obhut sichern will.

Allerdings sichert sich der Versicherungsgeber im Rahmen des Möglichen ab, damit das als »unbrauchbar« entschädigte und »rückgekaufte« Pferd geraume Zeit danach nicht irgendwo wieder aus der Versenkung auftauchen kann, schmerzfrei gespritzt auf Zeit und weiterverscherbelt an Arglose. Um derartige unlautere Machenschaften auszuschalten, erfolgt die entsprechende Eintragung in den Pferdepaß. Darüber hinaus werden sämtliche Papiere entweder eingezogen oder mit einem fälschungssicheren Stempelvermerk versehen.

Ein Grund mehr übrigens, um sich nie und nimmer mit dem Hinweis eines Pferdeverkäufers zufrieden zu geben, er habe die Papiere noch nicht, würde dieselben jedoch nachträglich beschaffen. Vielmehr müssen die Abstammungsnachweise sofort auf den Tisch, noch ehe der Kaufvertrag unterschrieben ist.

Auf die Frage, wie viele »rückgekaufte« und anschließend »heilbehandelte« Rösser ihre Renaissance unter anderem Namen auf den Turnierplätzen oder in den Händlerställen der Nation feiern mögen, zucken die Experten die Achseln. Nichtssagend oder vielsagend. Wie man's nimmt.

Das Transport- und Diebstahlrisiko

Zwei Risiken können als Einzelrisiko gesondert versichert werden: das Transport- wie auch das Diebstahlrisiko. Ad 1 kann eine Tansportversicherung von Fall zu Fall abgeschlossen, ad 2 eine sogenannte Jahresdiebstahlversicherung abgeschlossen werden. Sollte dann der Versicherungsfall eintreten, überprüft der Versicherungsgeber den Tathergang sehr gründlich. Wird Fahrlässigkeit nachgewiesen, mindert das den Entschädigungsbetrag ganz erheblich.

Grundsätzlich gilt, das Kleingedruckte ganz genau zu lesen, bevor ein Versicherungsvertrag abgeschlossen wird.

Als Beispiel sei die Aufschlüsselung einer Versicherungsgesellschaft aufgeführt:

»Versichert ist jedes Reiten und Fahren einschließlich der Teilnahme an Turnieren, reitsportlichen Veranstaltungen, Jagden, Ausstellungen und Schauen.
Ausgenommen ist dagegen die Teilnahme an Rennen, Vielseitigkeitsprüfungen der Klasse L und höher sowie Distanzritten aller Art.
Vielseitigkeitsprüfungen und Distanzritte können jedoch gegen einen Prämienzuschlag auf besonderen Antrag in den Versicherungsschutz eingeschlossen werden.«

Der Zuschlag ist nicht unerheblich. Auch hierbei nützen gute Informationen und das anschließende Gespräch mit dem Versicherungsrepräsentanten.

Dauerversicherung

Eine Novität ist die sogenannte »Dauerversicherung«. Sie beginnt im frühen Fohlenalter und begleitet das Pferd während seines ganzen Lebens. Wird dann das Fohlen oder das Pferd weiterveräußert, macht auch der Versicherungsschutz den Besitzwechsel mit. Die Prämie bleibt unverändert.

Das Verfahren, das in enger Zusammenarbeit mit den Zuchtverbänden erarbeitet wurde, bietet Vorteile für beide Teile. Für den Anbieter ist es ein »Pferdeverkauf mit Garantieschein«, während der Käufer die Gewißheit hat, bei gleichbleibender Prämie ein steigendes Risiko abgesichert zu haben.

Bei einer Jahresprämie von 300 Mark ist das Pferd mit 5000 Mark gegen Tod/Nottötung versichert. Zusätzlich kann der Versicherungsschutz um das Kriterium der »dauernden Unbrauchbarkeit« erweitert werden. Das erhöht die Prämie entsprechend. Außerdem setzt es die prophetische Gabe des Züchters voraus, die Zukunft des Fohlens richtig einschätzen zu können. Wird es nämlich »nur« ein Durchschnittspferd – und das kommt in den besten Pferdefamilien vor –, wäre die später möglicherweise einmal eintretende Entschädigung wegen »dauernder Unbrauchbarkeit« von Grund auf teuer bezahlt.

Bei allen Formen der Reit- und Fahrpferdeversicherung wird bei Vertragsabschluß ein sogenannter »Selbstbehalt« (Schadensbeteiligung) vereinbart. Der Hintergedanke: Wer den Schaden gegebenenfalls mitzutragen hat, geht sorgfältiger mit dem »Versicherungsobjekt« um.

Gegenvorschlag: die Fünfmarkstück-Kasse

Ein Pferd: elf Jahre alt, physisch wie psychisch angeschlagen durch den Hochleistungssport, abgegeben als »Hobbypferd, in gute Hände«. Keine Versicherungsgesellschaft der Welt wollte den guten Kerl aufnehmen. Wozu auch. Ohnehin würde sein Verlust mit einem Sack Gold nicht aufzuwiegen sein. Doch daß das Familienpferd möglicherweise einmal ärztliche Hilfe in Anspruch nehmen müßte, war vorhersehbar.

Da hatten die Kinder eine gute Idee. Fünfmarkstücke sammeln, damit für den Tag X eine Reserve vorhanden ist. Der Vater setzte noch eins drauf: sammeln, alle drei Monate Geldzählen und danach zinsgünstig anlegen. Gesagt, getan. Das Familienpferd wurde im Laufe der Jahre Inhaber beziehungsweise Eigentümer von Bundesschatzbriefen, Kommunalobligationen, festverzinslichen Wertpapieren.

Als eines Tages der stationäre Aufenthalt in einer guten Pferdeklinik nicht mehr zu umgehen war, brauchte nicht geknausert zu werden. Zudem war noch eine Menge Geld übrig geblieben.

Jahre danach setzte ein Unfall im Gelände der sportlichen Laufbahn ein Ende. Die Folgen stellten sich glücklicherweise als nicht quälend heraus, so daß das Pferd, das während vieler schöner Jahre seine Kräfte in den Dienst der ganzen Familie gestellt hatte, jetzt in aller Ruhe die verdiente und ersparte Pension aus der Fünfmarkstück-Kasse verzehren konnte.

Weitergesammelt wurde und wird allemal. Inzwischen ist das kleine Vermögen auf die Nachfolgerin im Stall übergegangen. Auch sie braucht – Haftpflichtversicherung ausgenommen – nie und nimmer gegen »dauernde Unbrauchbarkeit« oder was auch immer versichert zu werden.

Daß Pferde ihr so erspartes Vermögen nicht versteuern müssen, weil sie ja die Eigentümer und die Nutznießer sind und andererseits der Fiskus mit Pferden nichts zu tun haben will, ist allerdings – leider – ein Gerücht.

Pferdekrankenkasse

Zu guter Letzt: Auch für Freund Pferd gibt es jetzt die Heilbehandlung auf Krankenschein. Pferde können krankenversichert werden. Bei einem Krankenversicherungsbeitrag von monatlich rund 50 Mark ist das treue, teure Tier mit jeweils 60 Prozent der Kosten bei ambulanter Behandlung und auch bei stationärer Behandlung in einer Tierklinik versichert, ganz gleich, wie hoch diese Kosten auch klettern mögen. Darüber hinaus werden bis zu 60 Mark im Jahr für vorbeugende Maßnahmen zur Gesunderhaltung ersetzt. Mit 60 Mark ist demnach der Versicherungsgeber mit dabei, wenn Wurmkuren und die regelmäßigen Tetanus-, Husten- und Tollwutimpfungen durchgeführt werden.

Freilich: Die Pferde-Krankenversicherung ist für Oldies kein Thema. Das Aufnahmealter ist auf vier Monate bis zehn Jahre begrenzt.

FEIGE ODER FAIR – DER ABSCHIED VOM PFERD

Geschafft. Das neue Pferd steht in der Box. Alles hat geklappt. Die Finanzierung, die Suche nach dem guten Stall, die Beschaffung der Grundausstattung. Der Tierarzt hat das Pferd durchleuchtet, der Pferdemensch hat es ausprobiert, in Schritt, Trab und Galopp, hat des Pferdes Charakterfestigkeit gegenüber bellenden Hunden, flatternden Fahnen und roten Pullovern getestet.

In einem Punkt halten es die meisten Pferdebesitzer jedoch mit den berühmten drei asiatischen Symbolfiguren, die in Bronze, Gips, Stein, Jade oder Elfenbein auf manchem gutbürgerlichen Schreibtisch hocken: nichts sehen, nichts hören, nichts reden.

Es dreht sich dabei um den Gedanken an die Trennung vom Pferd, die ja zwangsläufig irgendwann einmal erfolgen wird.

Das ist nicht nur ein schmerzlicher Punkt im Zusammenleben zwischen Mensch und Pferd. Es ist auch ein heikler Punkt, denn just an ihm scheiden sich die Geister.

Abschied vom Pferd – wer denkt schon gerne daran. Doch es gibt viele Gründe, die zum Ende der Partnerschaft führen können. Unvorhergesehene wie vorhersehbare. Zum Beispiel: wirtschaftliche Unsicherheit, Überdruß, Berufs- oder Ortswechsel, Mangel an Zeit, Sturzverletzung oder Krankheit des Reiters, kleine oder größere Defekte am Pferd, später dann das Alter des Pferdes. Entsprechend viele Varianten menschlichen Verhaltens stehen dem gegenüber; man »bewältigt« das Problem nüchtern oder emotional, berechnend oder hilflos, feige oder fair.

Gegenüber Hund, Katze, Goldfisch oder Kanarienvogel hat das Pferd bekanntlich ein großes Handicap: Sein Unterhalt ist nicht billig. Beim ökonomisch ausgerichteten Kosten-Nutzen-Vergleich zieht daher das aus irgendeinem Grunde überflüssig gewordene Pferd zumindest rein rechnerisch stets den Kürzeren.

Es muß ja nicht immer gleich der Tod sein, den der clevere Besitzer für das Pferd ins Auge faßt. Wer flugs weiterverkauft, sieht und hört nichts mehr vom weiteren Weg des Pferdes. Natürlich gibt es neue, optimale Mensch-Pferde-Beziehungen, die auf diese Weise zustande kommen können. Doch gerät das hilflose Handelsobjekt leider nur zu oft in die Mühlen des Händlerkarussells. Es wird von Stall zu Stall weiterverhökert. Vor allem dann, wenn es irgendeine Schwachstelle an Leib oder Seele hat. Dann wird der Schwarze Peter solange weitergereicht, bis der letzte darauf sitzenbleibt. Das Pferd zahlt die Zeche.

Geht es schließlich darum, das schwerverletzte, das kranke oder alte Pferd »auf die große Himmelswiese« zu schicken, gibt es keine Ausflüchte mehr. Mancher, der in guten Tagen in sein Tier so an die sieben- bis zehntausend Mark Unterhaltskosten pro Jahr investierte, stolpert dann am Ende über ein paar Scheine.

Denn fürs tote Pferd gibt es dreierlei Erlöse. Spitzenpreise erzielen Exportschlachtpferde – 1800 bis 2200 Mark fließen dann zurück auf das Konto des Besitzers. Schlachtet ein Metzger im Inland das Pferd »ordnungsgemäß«, so daß sein Fleisch für die menschliche Ernährung verwendet werden kann, gibt's an die 1600 Mark bar auf die Hand. Am teuersten kommt den Besitzer der sogenannte Gnadenschuß oder die Gnadenspritze auf der vertrauten Koppel, denn hier ist dann nur noch die Abdeckerei für die Schlußabrechnung zuständig.

Wie gesagt – wer ein Pferd kauft, kauft keinen Teddybär. Schon zu Beginn der Beziehung sollte sich der Reiter/Fahrer darüber im klaren sein, auf welche Weise er dem vierbeinigen Freund die vielen glücklichen Stunden im Sattel oder auf dem Kutschbock einst vergelten will. Dabei hat dann derjenige, der zu seinem Pferd in guten wie in schweren Zeiten stehen will, eines – hoffentlich fernen – Tages die allerschwerste Hürde zu nehmen. Sie besteht im Erkennen des Zeitpunktes, da für das Pferd das Leben zur Last zu werden beginnt.

ANHANG

Landeszuchtverbände

Zuchtverband für deutsche Pferde e. V.
Johanniswall 2
27283 Verden

Pferdezuchtverband
Baden-Württemberg e. V.
Heinrich-Baumann-Str. 1–3
70190 Stuttgart

Landesverband Bayerischer
Pferdezüchter e. V.
Landshamer Str. 11
81929 München

Landespferdezuchtverband
Berlin-Brandenburg e. V.
Hauptgestüt 10
16845 Neustadt/Dosse

Verband hannoverscher
Warmblutzüchter e. V.
Lindhooper Str. 92
27283 Verden

Verband Hessischer Pferdezüchter e. V.
Thoméestraße 3
34117 Kassel

Verband der Züchter des Holsteiner
Pferdes e. V.
Steenbeker Weg 151
24106 Kiel

Verband der Pferdezüchter
Mecklenburg-Vorpommern e. V.
Speicherstr. 11
18273 Güstrow

Verband der Züchter des Oldenburger
Pferdes e. V.
Donnerschweer-Str. 72–80
26123 Oldenburg

Zuchtverband für das Ostfriesische und
Alt-Oldenburger Pferd e. V.
Mühlenhof 50
26831 Bunde

Verband der Züchter und Freunde des
Ostpreußischen Warmblutpferdes
Trakehner Abstammung e. V.
Großflecken 68
24534 Neumünster

Rheinisches Pferdestammbuch e. V.
Endenicher Allee 60
53115 Bonn

Pferdezuchtverband
Rheinland-Pfalz-Saar e. V.
Pferdezentrum
67816 Standenbühl

Pferdezuchtverband Sachsen e. V.
Winterbergstr. 98
01237 Dresden

Pferdezuchtverband
Sachsen-Anhalt e. V.
Frommhagenstr. 55
39576 Stendal

Pferdestammbuch Schleswig-
Holstein/Hamburg e. V.
Steenbeker Weg 151
24106 Kiel

Verband Thüringer Pferdezüchter e. V.
Thüringer Landesverwaltungsamt
Carl-August-Allee 1a
99423 Weimar

Pferdestammbuch Weser-Ems e. V.
Mars-la-Tour-Str. 6
26121 Oldenburg

Westfälisches Pferdestammbuch e. V.
Sudmühlenstr. 33
48157 Münster

Rassenverbände

Achal-Tekkiner
Verband der Achal-Tekkiner-Freunde und -Züchter Deutschlands
Gut Ising
83256 Ising/Chiemsee

Aegidienberger
Gangpferdezentrum Aegidienberg
Peter-Staffel-Str. 13
53604 Bad Honnef

American Quarter Horse
Deutsche Quarter Horse Association
Geschäftsstelle
Julius-Bettingen-Str. 18
66606 St. Wendel

Andalusier
Verein der Freunde und Züchter des Pferdes Reiner Spanischer Rasse
Kohlstattweg 10
86875 Waalhaupten

Appaloosa
Appaloosa Horse Club Germany
Mangen 27
85461 Bockhorn

Arabische Pferde
ASIL Club e. V.
Hagentorwall 7
31134 Hildesheim

Verband der Züchter des Arabischen Pferdes e. V.
Schellingstr. 14
30625 Hannover

Berber
Verein der Freunde und Züchter des Berber-Pferdes
Oranienstr. 197
10999 Berlin

Bosnisches Gebirgspferd
Gesellschaft der Freunde, Förderer und Züchter des bosnischen Pferdes e. V.
Eckendorfer Str. 44
53343 Wachtberg

Camargue-Pferd
Verein der Freunde und Züchter des Camargue-Pferdes in Deutschland
Uckerather Str. 60
53639 Königswinter

Connemara-Pony
Connemara-Pony-Zuchtverband Deutschland
Geschäftsstelle
Jung-Stilling-Str. 16
67663 Kaiserslautern

Fjordpferd
Interessengemeinschaft Fjordpferd
Zum Tal 20
66606 St. Wendel

Friesenpferd
Deutsche Friesenpferdezüchter im F. P. S. e. V.
Geschäftsstelle
Breite Steinstr. 9
37186 Moringen

Friesenpferde-Zuchtverband e. V.
Geschäftsstelle
Gut Brückenhaus
40822 Mettmann

Haflinger
Arbeitsgemeinschaft der Haflingerzüchter und -halter (AHG)
Landshamer Str. 11
81929 München

Islandpferd
Islandpferde-Reiter- und Züchterverband e. V. (IPZV)
Jüchtstr. 24
53773 Bad Honnef

Lipizzaner
Lipizzaner Zuchtverband Deutschland
Neusüdener Weg 28a
26125 Oldenburg

Lusitano
Cavalo Lusitano e.V.
Altvaterstr. 4
82362 Weilheim

Mérens
Mérens Deutschland e.V.
Lauchertstr. 16
72393 Melchingen

Morgan
International Morgan Horse Club of Germany
Hauptstr. 98
98593 Struth-Helmersdorf

Paint Horse
Paint-Horse-Club Germany
58553 Halver-Othmaringhausen

Paso Fino
Pasopferde Verband (PPV)
Riedwiesenhof
Licherstr. 311
35447 Reiskirchen

Paso Fino Horse Association (PFHA) Europe e.V.
Gottbillstr. 34b
54294 Trier

Paso Peruano
Paso-Peruano-Vereinigung Deutschland
Grünring 85
48282 Emsdetten

Pinto
Deutsches Pinto Zentralregister e.V.
Hasselberg 3
34626 Neukirchen

Pinto Zuchtverein
Obere Str. 16
34479 Breuna

Ponys
Arbeitsgemeinschaft deutscher Ponyzuchtverbände
Steenbeker Weg 151
24106 Kiel

Shagya-Araber
Zuchtverband für Shagya-Araber, Anglo-Araber und Araber e.V. (ZSAA)
Im Langenborn 55
63825 Schöllkrippen

Shetlandpony
IG der Shetlandponyzüchter
In der Langenbach 5
57250 Netphen

Tennessee Walking Horse
Tennessee Walker Horse Verband International e.V. (TWHI)
Ortsstr. 6
65510 Idstein

European Tennessee Walking Horse Association e.V.
Unterdamm 87a
32427 Minden

Tennessee Walking Horse Breeders and Exhibitors Association
Drosselweg 6
64546 Mörfelden-Walldorf

Traber
Hauptverband für Traberzucht und -rennen e.V.
Gutenbergstr. 40
41564 Kaarst

Zentralverband für Traberzucht und -rennen e.V.
Nubrückenstr. 12–14
48143 Münster

Welsh Pony
Bundesvereinigung der Welsh-Pony-, Cob- und Partbred-Züchter e.V.
Netter Kirchweg 44
41751 Viersen

Weiterführende Literatur

Brandl, Albert. Das Reitpferd, Edition Haberbeck, Lage-Lippe 1977

Engelmann, Uta. Welche Haltung für mein Pferd?, Franckh-Kosmos, Stuttgart 1994

Fellmer, Eberhard. Rechtskunde f. Pferdehalter u. Reiter, Eugen Ulmer, Stuttgart, 1984

Hölzel, Petra und Wolfgang. Das eigene Pferd, Franckh-Kosmos, Stuttgart 1991

Kapitzke, Gerhard. Das Pferd v. A bis Z, BLV München 1987

Löwe, Hartwig. Pferdezucht, Eugen Ulmer, Stuttgart 1988

Pick, Maximilian. Neues Handbuch der Pferdekrankheiten, Franckh-Kosmos, Stuttgart 1988

REGISTER

Die beliebte Ratgeber-Reihe für alle Pferdefreunde

Die Reiterbibliothek von Franckh-Kosmos bietet interessante, originelle und praktische Ratgeber für alle Reiter, Pferdehalter und Pferdefreunde. Fachkundige Autoren beantworten verständlich und praxisbezogen alle wichtigen Fragen zu Pferdekauf, Pferdehaltung, Zucht und zum richtigen Reiten. Mit vielen nützlichen Tips und Ideen rund ums Hobby Pferde und Reiten.

ABC des Pferdekaufs
Ein Fohlen aus unserer Stute
Entspannt Reiten
Kenne ich mein Pferd? Teil I
Kenne ich mein Pferd? Teil II
Pferde hinterm Haus
Pferde und Kinder
Pferdekrankheiten
Pferdekunde leichtgemacht
Pferdesachen selber machen
Reiten lernen leichtgemacht
Springen lernen leichtgemacht
Traumberufe rund ums Pferd
Was der Stallmeister noch wußte

Franckh-Kosmos · Stuttgart